前沿电子信息专业教材系列

光电子学基础

姜　淳　吴龟灵　孙　璐　编著

上海交通大学出版社
SHANGHAI JIAO TONG UNIVERSITY PRESS

内容提要

全书分三篇：基础理论篇，系统器件篇和光电子前沿篇。基础理论篇主要讲述波动光学基础、半导体物理基础和激光原理基础。系统器件篇包括九章内容，分别为半导体发光二极管、激光二级管、光放大器原理、光调制器、光探测器和光伏器件、介质波导、光纤和光纤传输的带宽和容量。光电子前沿篇包括光纤激光器、非线性光学基础、光子晶体基础、超材料、变换光学基础。附录给与了数值技术基础和一些用于数值计算的具有代表性的 matlab 代码。

本书为高校电子工程专业本科学生的专业课程教材，也可供相关专业的工程人员参考。

图书在版编目(CIP)数据

光电子学基础/ 姜淳,吴龟灵,孙璐编著. —上海：
上海交通大学出版社,2019(2021 重印)
ISBN 978 - 7 - 313 - 20916 - 0

Ⅰ.①光⋯ Ⅱ.①姜⋯ ②吴⋯ ③孙⋯ Ⅲ.①光电子
学-高等学校-教材 Ⅳ.①TN201

中国版本图书馆 CIP 数据核字(2019)第 156558 号

光电子学基础

编　　著：姜　淳　吴龟灵　孙　璐
出版发行：上海交通大学出版社　　　　　　　地　　址：上海市番禺路 951 号
邮政编码：200030　　　　　　　　　　　　　电　　话：021 - 64071208
印　　制：上海天地海设计印刷有限公司　　　经　　销：全国新华书店
开　　本：787 mm×1092 mm　1/16　　　　　印　　张：15
字　　数：341 千字
版　　次：2019 年 9 月第 1 版　　　　　　　印　　次：2021 年 7 月第 2 次印刷
书　　号：ISBN 978 - 7 - 313 - 20916 - 0
定　　价：58.00 元

序

2019 年是上海交通大学电子信息与电气工程学院建院 111 周年。为了反映百余年来办学理念和特色,集中展示教材建设的成果,学院决定组织编写出版代表上海交通大学电子信息与电气工程学院教学水平的大电类精品教材系列。在各方的共同努力下,共组织选题二十余种,经过多轮、严格的评审,最后确定十本入选大电类精品教材系列。

这十本教材的作者一直活跃在教学科研第一线,为本科生授课,将最新的科研成果融入教学中。百余年来,外界环境和内在条件都发生了很大变化,但学校以人才培养为根本、教学与科研相结合的方针没有变。正因为坚持了科学与技术相结合、理论与实践相结合、教学与科研相结合的方针,并形成了独具特色的优良传统,才培养出了一批又一批高质量的人才。

光电子学是高技术发展的重要领域,以它为基础的光通信技术和激光技术发展十分迅速,对国民经济、国防事业和社会生活等诸方面产生了广泛而深远的影响。《光电子学基础》是作者结合十五年来的讲义和国内外相关教材的重要内容编写而成。该教材内容既涵盖光电子领域的基本概念、原理,又包括了一些前沿研究方向。同时,也包含了一些重要公式的推导过程,尽可能使相关学科的本科生在学习该课程时知其然而知其所以然,从而达到触类旁通的目的。另外,本书也包含了用于求解一些重要章节的关键方程的代码,便于读者扩展延伸。

总之,《光电子学基础》是一本光电子学科领域具有特色的教材。

中国科学院院士　上海交通大学副校长

2019 年 8 月

前　言

　　《光电子学基础》重点讲述光电子学领域的基本概念和基本原理。本书主要以波动光学为基础，然后讲解以波动光学的应用，特别是在光纤通信器件方面的应用。同时本书还附有比较接近器件和系统设计案例方面的习题。主要内容覆盖了理论基础、器件和系统应用及光电子领域的前沿研究方向。本书尽可能在内容的深度和广度方面寻求平衡。

本书范围

　　光电子学是一直是高技术发展的重要领域，以它为基础的光通信技术和激光技术发展十分迅速，对国民经济、国防事业和人类社会生活等诸方面产生了广泛和深远的影响。而光电子学基础是处于不断发展中的光通信技术和光电子技术的重要基础。

　　本书在国外电子信息专业相关教材的基础上进行了拓展和延伸。全书共有 15 章和 3 个附录。其中第 1～3 章是学习光电子学必须具备的理论基础。第 4～5 章是关于发光二极管和半导体激光器的基本结构以及在光通信的应用所具备的基本性能。第 6～7 章介绍光放大和光调制器的基本原理。第 8～9 章介绍 pin 和 APD 光探测器和光伏器件的原理及相关应用。第 10～12 章是介绍光波导和光纤的基本概念、简单的模式理论以及光纤传输系统的带宽和系统容量的基本原理。第 13～17 章属于光电子前沿研究方向，包括光纤激光器、非线性光学基础、光子晶体器件以及分析方法、光学人工新颖材料和变换光学基础。在第一编和第二编后面均有结合实际问题的习题，可使读者加深对理论的理解。本书既可作为高等院校电子科学与技术、电子信息科学与技术、电子信息工程及应用物理学等本科专业和光学工程、物理电子学、固体电子与微电子学、电磁场与微波技术及通信与信息系统等专业的本科生和研究生作为教材或参考书，也可供从事实际工作的工程技术人员参考。

本书特色

　　本书的主要特点如下：

　　（1）涵盖面广，从波动光学基础到光纤通信和光电子领域的相关器件，以及光电子领域的一些前沿研究方向；

（2）包含了一些重要理论公式的来源和推导过程，尽可能使读者知其然和知其所以然，从而达到触类旁通的目的；

（3）附录给出了一些重要章节中关键方程的数值求解的代码，便于读者扩展延伸。

由于编著者的水平有限，本书存在的缺陷和错误，希望得到同行的批评指正，以便再版时修正完善。

姜　淳　吴龟灵　孙　璐

2019 年 6 月

于上海交通大学

目 录

I 基 础 篇

II 器件和系统篇

III　拓　展　篇

I

基　础　篇

第1章　波动光学基础

本章为全书的基础,内容包括电磁学基本定律(高斯定理,安培定律和法拉第定律)和麦克斯韦方程,均匀介质中的光波(波的分类如平面波、球面波和发散波);相速度、折射率、群速度、群指数,能流、能量密度和坡印廷矢量,横电模和横磁模等基本概念;菲涅尔方程的推导和应用;多重干涉和谐振腔,古斯汉欣位移及应用,空间相干和时间相干,衍射原理,包括夫朗和斐衍射和菲涅尔衍射及在衍射光栅中的应用;偏振光学基本原理,包括偏振态、马吕斯定律、光在各向异性介质中的传播、双折射率光学器件。

1.1　电磁学基本定理

1.1.1　高斯定理

法国科学家库仑(Coulomb)在 1785 年通过实验得到了描述了两个点电荷之间相互作用力的库仑定律

$$F_{12} = k \frac{q_1 q_2}{r_{12}^2} \tag{1.1}$$

其中 F_{12} 表示点电荷 q_1,q_2 之间的相互作用力,其大小与两个点电荷的电量乘积 $q_1 q_2$ 成正比,与它们之间距离的平方 r_{12}^2 成反比。力的方向在 q_1 与 q_2 的连线上,比例系数 k 由实验和单位制决定,在国际单位制(SI)中

$$k = 9 \times 10^9 = \frac{1}{4\pi\varepsilon_0}, \; \varepsilon_0 = \frac{1}{36\pi} \times 10^{-9} \left(\frac{\mathrm{A}^2 \cdot \mathrm{s}^2}{\mathrm{V} \cdot \mathrm{m}^2} \right) \tag{1.2}$$

其中 ε_0 是一个基本物理常数,称为真空的介电常数。

电荷 q_2 受到了来自 q_1 电场的作用力。用物理量电场强度表示电场的大小和方向,其定义为单位正电荷所受到的力和方向就是该点处电场强度的大小和方向。如果公式(1.1)中的 $q_2 = 1$,就是点电荷 $q_1 = Q$ 在点电荷 q_2 的位置 $r_{12} = r$ 所产生的电场强度,$\vec{r}$ 是单位矢量。

$$\vec{E} = \frac{1}{4\pi\varepsilon_0} \frac{Q}{r^2} \vec{r} \tag{1.3}$$

由于电场强度具有力学特征,力学中合力是各分力的矢量代数和,如果空间存在多个点电荷,则总电场是各自产生电场的矢量代数和。

电场强度可以用电力线来表示,电力线是一系列的有向曲线,用穿过单位面积的电力线数量来表示电场强度的大小,而曲面的法线方向就是电场强度的方向。由于电场强度的大小和方向是唯一的,因此电力线绝不会相交。静电场的电力线从正电荷出发,终止于负电荷。定义电通量为穿过曲面的电力线数量

$$\Phi_E = \int_s \vec{E} \cdot \vec{ds} \tag{1.4}$$

如果把(1.3)代入(1.4),并假设 S 是一个半径为 r 的球面,ds 的方向定义为从球面内垂直穿过球面向球面外,则有

$$\oint_s \vec{E} \cdot \vec{ds} = \frac{Q}{\varepsilon_0} \tag{1.5}$$

这个公式称为高斯定理。如果 S 内有多个电荷,则对每个电荷 $Q_i(i=1, 2, \cdots)$ 产生的电场 $E_i(i=1, 2, \cdots)$ 都成立,因此对总电荷 $Q=Q_1+Q_2+\cdots$ 产生的总电场 $E=E_1+E_2+\cdots$,(1.5)也成立。

还可以用环量来描述矢量场的属性,其定义为沿闭合曲线的积分。对静电场

$$\phi_E = \oint_c \vec{E} \cdot \vec{dl} = 0 \tag{1.6}$$

其中 C 是一条任意闭合曲线。把点电荷的电场强度(1.3)带入容易得到证明(1.6)式成立,当然,对总电荷产生的总电场同样也成立。

1.1.2 安培定律

法国科学家安培(Ampere)在1820年对通电导线进行实验时得到了描述了一个电流元 $(I_1 dl_1)$ 对另一个位于 r_{12} 处的电流元 $(I_2 dl_2)$ 产生的作用力 (F_{12}) 满足式(1.7),其中×表示矢量积。

$$F_{12} = k_m \frac{I_2 \vec{dl_2} \times (I_1 \vec{dl_1} \times \vec{r_{12}})}{r_{12}^2} = I_2 \vec{dl_2} \cdot \vec{dB_{12}} \tag{1.7}$$

这个公式称为安培定律,其中比例系数 k_m 由单位制决定,在国际单位制(SI)中

$$k_m = 10^{-7} = \frac{\mu_0}{4\pi}, \ \mu_0 = 4\pi \cdot 10^{-7} (H/m) \tag{1.8}$$

μ_0 是一个基本物理常数,称为真空的磁导率。

电流元 $(I_2 dl_2)$ 受到了来自 $(I_1 dl_1)$ 的作用力,是因为电流元 $(I_1 dl_1)$ 在电流元 $(I_2 dl_2)$ 的位置产生了磁场,并用磁感应强度矢量来描述。根据(1.7),处在原点位置的电流元 $(I dl)$ 在空间任意位置 $(r_{12}=r)$ 所产生的磁感应强度为

$$dB = \frac{\mu_0}{4\pi} \frac{I \overrightarrow{dl} \times \vec{r}}{r^2} \tag{1.9}$$

这个表达式称为毕奥-萨伐尔定律。

　　磁感应强度矢量可以用磁力线来表示,磁力线是一系列的有向曲线,用穿过单位面积的磁力线数量来表示磁感应强度的大小,而曲线的切线方向就是磁感应强度的方向。空间中任何一点的磁感应强度的大小和方向是唯一的,因此磁力线也绝不会相交。电流元($I dl$)产生的磁力线总是与位置矢量 r 垂直,因此磁力线必定形成闭合曲线,其穿过任意闭合曲面的磁通量必为零,所有电流元产生的总磁场的磁通量也为零

$$\phi_B = \oint_c \vec{B} \cdot \overrightarrow{dS} = 0 \tag{1.10}$$

这个公式称为磁感应强度的高斯定理。

　　还可以用环量来描述矢量场的属性,其定义为沿闭合曲线的积分

$$\phi_B = \oint_c \vec{B} \cdot \overrightarrow{dl} \tag{1.11}$$

其中 C 是一条任意闭合曲线。对于一根沿 x 轴放置的无限长直导线产生的磁感应强度为

$$B = \vec{\phi} \frac{\mu_0 I}{4\pi} \int_{-\infty}^{\infty} \frac{R dx}{(R^2 + x^2)^{3/2}} = \frac{\mu_0 I}{2\pi R} \vec{\phi} \tag{1.12}$$

这里的 $\vec{\phi}$ 也是单位矢量。将此式代入(1.11),并假设 C 是以直线为中心、半径为 R 的圆环,则 $dl = R d\psi$,则有

$$\oint_c \vec{B} \cdot \overrightarrow{dl} = \mu_0 I \tag{1.13}$$

这个式子称为安培环路定理,可以适合于任何情况。

1.1.3　法拉第定律

　　英国科学家法拉第(Faraday)在 1831 年对通过闭合回路的磁通量进行实验时发现在闭合回路中会产生感应电动势

$$\xi = \oint_c \vec{E} \cdot \overrightarrow{dl} = -\frac{\partial \phi_B}{\partial t}, \quad \phi_B = \int_s \vec{B} \cdot \overrightarrow{ds} \tag{1.14}$$

这个公式称为法拉第定律。其中回路 C 和曲面 S 的方向满足右手关系(右手四指与 C 的方向一致,则拇指为 S 的方向)。法拉第定律说明,变化的磁场可以产生电场。

1.2　波动方程和光的传播特征

　　光波的波动方程是光波在波导中传播的数学表达。本节将推导简单的波动方程。以此

为基础,可以推导描述在色散介质和非线性介质中传播行为的通用波动方程。该方程可以解释光脉冲在时域和传播方向上的展宽和压缩,以及光与物质的相互作用现象。

1.2.1 麦克斯韦方程组和波动方程

使用斯托克斯(Stokes)定理,可以把(1.14)写成微分形式,即

$$\oint_c \vec{E} \cdot \vec{\mathrm{d}l} = \int_s (\nabla \times \vec{E}) \cdot \vec{\mathrm{d}s} = -\int_s \frac{\partial \vec{B}}{\partial t} \cdot \vec{\mathrm{d}s} \tag{1.15}$$

这个公式对任意曲面 S 都成立,因此必须有

$$\nabla \times \vec{E} = -\frac{\partial \vec{B}}{\partial t} \tag{1.16}$$

这是(1.14)的微分形式或法拉第定律的微分形式。

将(1.13)式使用斯托克斯(Stokes)定理,可以把安培定理写成微分形式,即

$$\nabla \times \vec{B} = \mu_0 \vec{J} \tag{1.17}$$

其中 J 表示通过单位面积的电流密度,称为体电流密度,满足

$$I = \int_s \vec{J} \cdot \vec{\mathrm{d}s} \tag{1.18}$$

该式说明磁感应强度 B 是由电流密度产生的。假设磁化物质中存在某种分子电流 J_M,与磁化强度 M 的关系为

$$J_M = \nabla \times M \tag{1.19}$$

如果在一对平行板电容器上加上交变电场,可以在平行板电容之间检测到磁场。因此可以认为在两板间存在位移电流 J_E,其大小为

$$J_E = \varepsilon_0 \frac{\partial E}{\partial t} \tag{1.20}$$

其中 E 为板间的电场强度。如果把电介质放到变化的电场中,则空间磁场分布会发生变化,可以认为是介质中的极化电流 J_P 产生的,与极化强度 P 的关系为

$$J_P = \frac{\partial P}{\partial t} \tag{1.21}$$

将电流密度写为

$$J = J_f + J_M + J_E + J_P = J_f + \nabla \times M + \frac{\partial}{\partial t}(\varepsilon_0 E + P) \tag{1.22}$$

其中第一项是由自由移动的载流子产生的电流,称为自由电流,可以直接测量;而其他三项不能直接测量。其定义为

$$\vec{H} = \frac{B}{\mu_0} - M \tag{1.23}$$

$$\boldsymbol{D} = \varepsilon_0 E + P \tag{1.24}$$

H 称为磁场强度，D 为电位移矢量，将(1.22)代入(1.17)得到

$$\nabla \cdot H = J_f + \frac{\partial D}{\partial t} \tag{1.25}$$

其中最后一项包含位移电流和极化电流，合称为位移电流。

根据高等数学中的高斯散度公式可以将(1.5)式高斯定理写成微分形式

$$\nabla \cdot E = \frac{\rho}{\varepsilon_0} \tag{1.26}$$

其中 ρ 为体电荷密度，满足 $Q = \int_V \rho \mathrm{d}V$。当存在介质时，(1.26)右边的电荷包括自由电荷和极化电荷密度。根据(1.24)得到

$$\nabla \cdot D = \rho_f \tag{1.27}$$

关于磁感应强度的方程(1.10)也可以写成微分形式

$$\nabla \cdot B = 0 \tag{1.28}$$

将上述方程(1.16)，(1.25)，(1.27)，(1.28)合起来可以形成 Maxwell 方程组。

根据上述推导，在磁化强度为 M 和极化强度为 P 的介质中，以米、克、秒(mks)为单位制的电场 $E(\mathrm{V/m})$ 和磁场 $H(\mathrm{A/m})$ 的 Maxwell 方程组为

法拉第定律：
$$\nabla \times E = -\frac{\partial B}{\partial t} = -\mu_0 \left(\frac{\partial H}{\partial t} + \frac{\partial M}{\partial t} \right) \tag{1.29}$$

安培定则：
$$\nabla \times H = \frac{1}{\mu_0} \nabla \times B - \nabla \times M = J + \frac{\partial D}{\partial t} = J + \varepsilon_0 \frac{\partial E}{\partial t} + \frac{\partial P}{\partial t} \tag{1.30}$$

电场高斯定律：
$$\nabla \cdot \varepsilon_0 E = -\nabla \cdot P + \rho \tag{1.31}$$

磁场高斯定律：
$$\nabla \cdot \mu_0 H = -\nabla \cdot \mu_0 M \tag{1.32}$$

其中 ρ 是电荷密度，J 是除极化以外的所有电荷产生的电流密度，ε_0，μ_0 分别是自由空间的介电常数和磁导率。

$$\varepsilon_0 = \frac{1}{36\pi} \times 10^{-9} \left(\frac{A \cdot s}{V \cdot m} \right) \tag{1.33}$$

$$\mu_0 = 4\pi \times 10^{-7} \left(\frac{V \cdot s}{A \cdot m} \right) \tag{1.34}$$

如果介质是线性、各向同性、无色散的，P 与 E，M 与 H 通过下列关系联系起来

$$P = \varepsilon_0 \chi_e E, \quad M = \chi_m H \tag{1.35}$$

其中 χ_e，χ_m 分别是电极化率和磁极化率，然后我们可以将式(1.29)～(1.32)重写如下：

$$\nabla \times E = -\mu \frac{\partial H}{\partial t} \tag{1.36}$$

$$\nabla \times H = \varepsilon \frac{\partial E}{\partial t} + J \tag{1.37}$$

$$\nabla \cdot \varepsilon E = \rho \tag{1.38}$$

$$\nabla \cdot \mu H = 0 \tag{1.39}$$

其中 $\varepsilon = \varepsilon_0(1 + \chi_e)$，$\mu = \mu_0(1 + \chi_m)$ 是介质的介电常数和磁导常数。

考虑无电荷源和非磁性介质，$\rho = J = M = 0$，(1.36)～(1.39)方程可以简化为

$$\nabla \times E = -\mu_0 \frac{\partial H}{\partial t} = -\frac{\partial B}{\partial t} \tag{1.40}$$

$$\nabla \times H = \varepsilon_0 \frac{\partial E}{\partial t} + \frac{\partial P}{\partial t} \tag{1.41}$$

$$\nabla \cdot H = 0 \tag{1.42}$$

$$\nabla \cdot E = 0 \tag{1.43}$$

如果介质具有极化行为，对上述 Maxwell 方程(1.40)的两边取旋度，可以得到下列方程

$$\nabla \times (\nabla \times E) = -\mu_0 \nabla \times \frac{\partial H}{\partial t} = -\mu_0 \frac{\partial(\nabla \times H)}{\partial t} = -\mu_0 \frac{\partial^2 D}{\partial t^2} = -\mu_0 \varepsilon \frac{\partial^2 E}{\partial t^2} - \frac{\partial^2 P}{\partial t^2} \tag{1.44}$$

按照矢量运算法则

$$\nabla \times (\nabla \times E) = \nabla(\nabla \cdot E) - \nabla^2 E \tag{1.45}$$

可以得到波动方程

$$\frac{\partial^2 E}{\partial x^2} + \frac{\partial^2 E}{\partial y^2} + \frac{\partial^2 E}{\partial z^2} = \mu_0 \varepsilon_0 \varepsilon_r \frac{\partial^2 E}{\partial t^2} + \frac{\partial^2 P}{\partial t^2} \tag{1.46}$$

其中 ε_r 为传播介质的相对介电常数，定义为介质中的介电常数与真空中的介电常数之比 $\varepsilon_r = \varepsilon/\varepsilon_0$。 如果不考虑介质的极化，上述波动方程可以简化为

$$\frac{\partial^2 E}{\partial x^2} + \frac{\partial^2 E}{\partial y^2} + \frac{\partial^2 E}{\partial z^2} = \mu_0 \varepsilon_0 \varepsilon_r \frac{\partial^2 E}{\partial t^2} \tag{1.47}$$

若电磁波沿着 z 轴方向传播，而电场方向为 x 轴方向，则电场分量的复数形式为

$$E_x(z, t) = \mathrm{Re}[E_c \exp \mathrm{j}(\omega t - kz)] \tag{1.48}$$

其中，E_c 为复数，若将 E_c 表达为幅度和相位形式，则上式可变为

$$E_x(z, t) = \mathrm{Re}[E_0 \exp(\mathrm{j}\phi_0) \exp\mathrm{j}(\omega t - kz)] \tag{1.49}$$

我们知道，电磁波是通过电场与磁场的相互转化来实现能量的传递，变化的电场产生变化的磁场，变化的磁场又产生变化的电场，如此交替进行，形成了电磁场在空间的传播。同时，电磁波的电场与磁场振动方向相互垂直，且与传播方向垂直。

1.2.2　波的分类

1. 平面波

任何电磁波在空间中的传播分为三种类型：平面波、球面波和发散波。平面波定义为波阵面为一无限大平面的电磁波，在该平面上任何一点的电场 E_x 振动方向相同、相位相同和强度相等，且传播方向与平面垂直（图 1.1）。

$$E_x = E_0 \cos(\omega t - kz + \phi_0) \tag{1.50}$$

其中 E_0 为振幅，ϕ_0 为初相，ω 为频率，t 为时间，k 为波矢量，z 为传播距离，$\omega t - kz$ 为相位。

球面波定义为一种波阵面为球面的波，球面的半径为 r，振幅为 A_0/r，球面波的电场分布满足

$$\vec{E} = \frac{A_0}{r} \cos(\omega t - \vec{k} r) \tag{1.51}$$

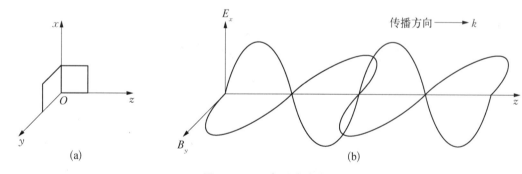

图 1.1　平面电磁波的传播

（a）电场方向与磁场方向相互垂直　（b）电场与磁场都与传播方向垂直

2. 发散波

发散波定义为一种波阵面是曲面的波，其光线的传播方向为某个方向，但光线之间的距离在传播方向上越来越大，如图 1.2(a)。激光在激光腔内时光线之间几乎相互平行，且都平行于腔的轴线。当激光从输出端输出后光线之间的距离在传播方向上越来越大，该光束为发散波，如图 1.2(b) 和 (c)。激光从输出端输出后，在横截面上的尺寸通常用光束直径来表示，光束直径定义为能量占整个光斑总能量的 85% 的光斑的直径。显然，光束直径与输出端的距离有关，距离越大，光束直径也越大。激光光束在横截面的光强分布为高斯函数的波为高斯光束。

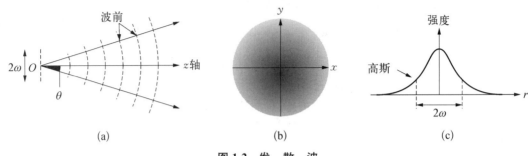

图 1.2 发 散 波

(a) 高斯光束的波阵面 (b) 横截面的光强度 (c) 光辐照度(强度)与距离光轴 z 的径向半径 r 的关系图。

对于高斯光束而言,我们定义光束的发散角为

$$2\theta = \frac{4\lambda}{\pi(2\omega_0)} \tag{1.52}$$

其中 ω_0 为激光腔内光束的束腰半径,$2\omega_0$ 表示光斑尺寸。束腰半径越大,发散角越小。

图 1.3 演示了平面波(a),球面波(b)和发散光束(c)的波阵面情况:平面波等相位面为平面且相互平行;球面波的波阵面为共心的球面;发散波光束的任意波阵面相互不平行。对于所有电磁波,波矢(波的传播方向)始终与波阵面(等相位面)垂直。

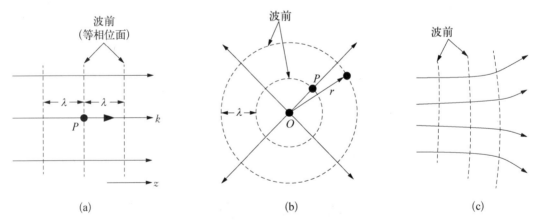

图 1.3 平面波,球面波和发散波的传播示意图

(a) 平面波 (b) 球面波 (c) 发散波

3. 球面波

球面波定义为波阵面或等相位面为球形表面的波。点光源(如太阳)发出的电磁波为球面波,其电场强度为

$$\vec{E} = \frac{A}{r}\cos(\omega t - \vec{k}r) \tag{1.53}$$

A,ω,t,$\vec{k}$,r 分别代表球面波的振幅、频率、时间、波矢和径向距离。

在自然界中,没有理想的平面波、球面波和发散波,只是为了数学表达方便,可以用一种近似表达。如太阳所辐射出来的波在太阳表面可以近似为球面波,达到地球表面后,由于光线之间趋于相互平行,可以近似表达为平面波。激光器中腔内的激光光线之间几乎是平行的,可以视为平面波。而在激光腔外,光线之间的距离越来越大,因此可视为发散波。

1.2.3　折射率和群指数

1. 折射率和相速度

光在真空中传播的速度约为 3×10^8 m/s,而在其他介质中传播时,由于电磁振荡会在介质中激发电偶极子,从而使传播速度降低。电场与电偶极子作用越强,光在介质中的传播速度越慢。在非磁性介质中,电磁波传播的速度为

$$V = \frac{1}{\sqrt{\varepsilon_r \varepsilon_0 \mu_0}} \tag{1.54}$$

介质折射率为

$$n = c/V = \sqrt{\varepsilon_r} \tag{1.55}$$

对于理想的单色平面电磁波,相速度为电磁波波阵面传播的速度(图 1.4)。当波阵面经过 Δt 后传播了距离 Δz 而相位保持不变,因此有

$$\phi = \omega t - kz + \phi_0 = \omega(t + \Delta t) - k(z + \Delta z) + \phi_0 \tag{1.56}$$

$$V = \frac{\Delta z}{\Delta t} = \frac{\mathrm{d}z}{\mathrm{d}t} = \frac{\omega}{k} = \nu\lambda = c/n \tag{1.57}$$

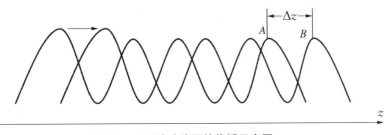

图 1.4　平面波波阵面的传播示意图

2. 群速度和群指数

一般情况下,电磁波并非理想的单色波,有一定的频率宽度 $2\delta\omega$, $\omega \sim \omega - \delta\omega$ 和 $\omega \sim \omega + \delta\omega$ 两列波传播方向相同,振动方向相同,如图 1.5 所示,相互叠加后的电场为

$$E_x(z, t) = E_0 \cos[(\omega - \delta\omega)t - (k - \delta k)z] + E_0 \cos[(\omega + \delta\omega)t - (k + \delta k)z] \tag{1.58}$$

$$E_x(z, t) = 2E_0 \cos[(\delta\omega)t - (\delta k)z]\cos[\omega t - kz] \tag{1.59}$$

叠加后的波受 $\cos[(\delta\omega)t - (\delta k)z]$ 调制形成波包,因此定义群速度为波包传播的速度。

$$V_g = \frac{\partial \omega}{\partial k} = \frac{\mathrm{d}\omega}{\mathrm{d}k} \tag{1.60}$$

在真空中由于折射率为 1，而且不随波长变化，电磁波的传播速度为

$$V_g(va) = \frac{\mathrm{d}\omega}{\mathrm{d}k} = c = V \tag{1.61}$$

在折射率为 n 的材料中，对应的传播常数和波长分别为

$$k_m = nk, \ \lambda_m = \lambda/n \tag{1.62}$$

其中 k, λ 分别为真空中的波数和波长。另外，如果考虑到介质的折射率 $n(\omega)$ 随频率而变化，则传播常数也为频率或波长的函数

$$k = n(\omega)\omega/c \tag{1.63}$$

$$\mathrm{d}k/\mathrm{d}\omega = \omega/c\,\mathrm{d}n(\omega)/\mathrm{d}\omega + n(\omega)/c = (\omega\mathrm{d}n(\omega)/\mathrm{d}\omega + n(\omega))/c \tag{1.64}$$

则介质中的群速度为频率的函数

$$V_g(\omega) = \frac{\mathrm{d}\omega}{\mathrm{d}k} = \frac{c}{n(\omega) + \omega\mathrm{d}n(\omega)/\mathrm{d}\omega} \tag{1.65}$$

由 $\omega = \dfrac{2\pi c}{\lambda}$ 可得

$$V_g(\omega) = \frac{\mathrm{d}\omega}{\mathrm{d}k} = \frac{c}{n + \dfrac{2\pi c}{\lambda}\dfrac{\mathrm{d}n}{\mathrm{d}\lambda}\dfrac{\mathrm{d}\lambda}{\mathrm{d}\omega}} = \frac{c}{n - \lambda\dfrac{\mathrm{d}n}{\mathrm{d}\lambda}} \tag{1.66}$$

其中 $n - \lambda\dfrac{\mathrm{d}n}{\mathrm{d}\lambda}$ 为有效折射率，我们定义为

$$N_g = n - \lambda\frac{\mathrm{d}n}{\mathrm{d}\lambda} \tag{1.67}$$

$$V_g = \frac{c}{N_g} \tag{1.68}$$

其中 N_g 为介质的群指数，它决定电磁波脉冲在介质中传播的群速度（参见图 1.6）。

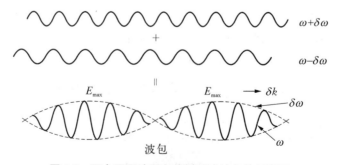

图 1.5 两个平面波同向传播形成波包的示意图

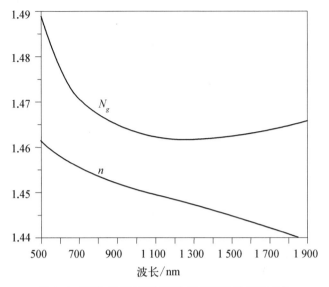

图 1.6　石英玻璃的折射率和群指数随波长的变化

3. 复折射率和光学吸收

（1）半导体的传播常数和折射率。在大多数半导体中，$\mu = \mu_0$，其介电常数为复数

$$\varepsilon(\omega) = \varepsilon'(\omega) + j\varepsilon''(\omega) \tag{1.69}$$

复传播常数

$k(\omega) = k'(\omega) + jk''(\omega)$ 可以用复折射率

$n(\omega) = n'(\omega) + jn''(\omega)$ 写成

$$k(\omega) = \omega\sqrt{\mu_0\varepsilon_0}\left[\varepsilon'(\omega) + j\varepsilon''(\omega)\right]^{1/2} = \omega/c(n + jk) \tag{1.70}$$

其中，用到了相对介电常数的实部和虚部

$$\varepsilon'_r(\omega) = \varepsilon'(\omega)/\varepsilon_0, \ \varepsilon''_r(\omega) = \varepsilon''(\omega)/\varepsilon_0 \tag{1.71}$$

折射率的实部和虚部可以写成

$$n^2 = \frac{1}{2}\left[\varepsilon'_r(\omega) + \sqrt{\varepsilon'^2_r(\omega) + \varepsilon''^2_r(\omega)}\right] \tag{1.72}$$

$$k^2 = \frac{1}{2}\left[-\varepsilon'_r(\omega) + \sqrt{\varepsilon'^2_r(\omega) + \varepsilon''^2_r(\omega)}\right] \tag{1.73}$$

复传播常数虚部的大小为强度吸收系数 α 的一半

$$k(\omega) = \omega n/c + j\alpha/2 = k' + ik'' \tag{1.74}$$

其中

$$k' = \omega n/c = 2\pi/\lambda, \ \alpha(\omega) = 2k'' = 2\omega/ck(\omega) = 4\pi/\lambda k(\omega)$$

其中 λ 为自由空间波长，对于一个在 $+z$ 方向传输沿 x 方向偏振的平面波，其电场可以写为

$$E = E_{x0} \mathrm{e}^{(\mathrm{j}2\pi nz/\lambda - az/2)} , \ H = H_{x0} n/\eta_0 \mathrm{e}^{(\mathrm{j}2\pi nz/\lambda - az/2)} \tag{1.75}$$

其中 $\eta_0 = \sqrt{\mu_0/\varepsilon_0} = 120\pi$ 为自由空间的特征阻抗。光功率密度的时间平均得到坡印廷矢量

$$s = \frac{1}{2}\mathrm{Re}[E \times H^*] = \frac{n \mid E_0 \mid^2}{\eta_0} \mathrm{e}^{-az} \tag{1.76}$$

（2）洛伦兹色散关系模型。在谐振电介质中（例如经过介质传播的电磁场 $E(t)$ 中谐振原子的结合），可以将每个谐振原子看成一个经典的谐振子。假设电子的质量为 m_0，原子核的质量为 M_0，电子和原子核的电荷分别为 $-q$，$+q$。电子离开其平衡位置的运动方程为：

$$m_0 \frac{\mathrm{d}^2 x}{\mathrm{d}t^2} + m_0 \gamma \frac{\mathrm{d}x}{\mathrm{d}t} + kx = -qE(t) \tag{1.77}$$

其中 γ 为阻尼因子，k 为弹簧常数，对于时域电磁场

$$E(t) = E_0 \mathrm{e}^{-\mathrm{j}\omega t}$$

电子 $-q$ 和原子核 $+q$ 的偶极矩

$$p = -qx(t) = \frac{Nq^2 E(t)}{m_0(-\omega^2 - \mathrm{j}\gamma\omega + \omega_0^2)} \tag{1.78}$$

其中 $\omega_0 = \sqrt{k/m_0}$，单位体积内 N 个偶极子引起的极化强度

$$P = Np = \frac{Nq^2 E(t)}{m_0(-\omega^2 - \mathrm{j}\gamma\omega + \omega_0^2)} \tag{1.79}$$

电位移矢量 D

$$D = \varepsilon_0 E + P_b + P = -qx(t) = \varepsilon_0\left[1 + \chi_b + \frac{Nq^2}{m_0(-\omega^2 - \mathrm{j}\gamma\omega + \omega_0^2)}\right]E(t) \tag{1.80}$$

其中包括了背景极化强度的贡献 $P_b = \varepsilon_0 \chi_b E$，因此谐振电介质或原子气体的介电常数为

$$\varepsilon(\omega) = \varepsilon_0\left[1 + \chi_b + \frac{Nq^2}{m_0(\omega_0^2 - \omega^2 - \mathrm{j}\gamma\omega)}\right] = \varepsilon_0\left[1 + \chi_b + \frac{\omega_p^2}{(\omega_0^2 - \omega^2 - \mathrm{j}\gamma\omega)}\right] \tag{1.81}$$

其中 $\omega_p = \sqrt{\dfrac{Nq^2}{m_0\varepsilon_0}}$ 为等离子共振频率。将

$$\chi = \frac{\omega_p^2}{(\omega_0^2 - \omega^2 - \mathrm{j}\gamma\omega)} = \chi'(\omega) + \mathrm{j}\chi''(\omega)$$

分离为实部和虚部后得到

$$\chi'(\omega) = \frac{\omega_p^2(\omega_0^2 - \omega^2)}{(\omega_0^2 - \omega^2)^2 + (\gamma\omega)^2} , \ \chi''(\omega) = \frac{\omega_p^2 \gamma\omega}{(\omega_0^2 - \omega^2)^2 + (\gamma\omega)^2} \tag{1.82}$$

相对介电常数为

$$\varepsilon_r(\omega) = \frac{\varepsilon(\omega)}{\varepsilon_0} = \varepsilon'(\omega) + j\varepsilon''(\omega) = 1 + \chi_b + \chi'(\omega) + j\chi''(\omega) \tag{1.83}$$

$$\varepsilon_r''(\omega) = \chi''(\omega)$$

（3）德鲁德色散关系模型。金属的电导率用电流密度和电场的关系式来描述

$$J = \sigma E \tag{1.84}$$

$$\nabla \times H = -j\omega\varepsilon E + J = -j\omega\varepsilon E + \sigma E = -\omega\left(\varepsilon + j\frac{\sigma}{\omega}\right)E \tag{1.85}$$

因此我们定义复介电常数

$$\varepsilon(\omega) = \varepsilon + j\frac{\sigma}{\omega} \tag{1.86}$$

当频率很低时，有 $\sigma/\varepsilon\omega \gg 1$，复传输常数

$$k = \omega\sqrt{\mu_0(\varepsilon + j\sigma/\omega)} \approx \sqrt{\omega\mu_0\sigma/2}(1+j) \tag{1.87}$$

电磁场衰减到 $1/\mathrm{e}$ 的距离处为穿透深度

$$\delta = \sqrt{\frac{2}{\omega\mu_0\sigma}} \tag{1.88}$$

在高频处，尤其是光学频率处，电导率不再是常数，此时可以使用自由电子的简单模型。这个针对自由载流子电导率的模型与束缚电子的洛伦兹模型相似，但不再有恢复力。于是电子离开其平衡位置的运动方程为

$$m_0\frac{\mathrm{d}^2 x}{\mathrm{d}t^2} + m_0\gamma\frac{\mathrm{d}x}{\mathrm{d}t} = -qE(t) \tag{1.89}$$

其中 γ 为阻尼因子，对于时域电磁场

$$E(t) = E_0 \mathrm{e}^{-j\omega t}$$

电子 $-q$ 和原子核 $+q$ 的偶极矩，

$$J = -Nq\frac{\mathrm{d}x}{\mathrm{d}t} = \frac{Nq^2 E(t)}{m_0(\gamma - j\omega)} = \sigma(\omega)E \tag{1.90}$$

其中交流电导率

$$\sigma(\omega) = \frac{Nq^2}{m_0(\gamma - j\omega)} = \frac{Nq^2\tau}{m_0(\gamma - j\omega\tau)} = \frac{\sigma_0}{1 - j\omega\tau} \tag{1.91}$$

直流电导率

$$\sigma_0 - \frac{Nq^2\tau}{m_0} \tag{1.92}$$

$$\varepsilon(\omega) = \varepsilon_\infty + \mathrm{j}\frac{\sigma(\omega)}{\omega} = \varepsilon_\infty - \frac{\omega_p^2\varepsilon_0}{\omega^2 + \mathrm{j}\omega\gamma} \tag{1.93}$$

$$\omega_p^2 = \frac{Nq^2}{m_0\varepsilon_0} \tag{1.94}$$

当需要考虑其他极化的贡献时，需要用背景介电常数 ε_∞，我们可以得到金属的介电常数为

$$\varepsilon(\omega) = \varepsilon_\infty - \varepsilon_0\frac{\omega_p^2\tau^2}{1 + \omega^2\tau^2} + \mathrm{j}\varepsilon_0\frac{\omega_p^2\tau}{1 + \omega^2\tau^2} \tag{1.95}$$

（4）掺杂半导体色散关系模型。在光频率附近，掺杂半导体的复介电常数与金属的复介电常数非常相似，对 n 型半导体和 p 型半导体分别要考虑电子和空穴的有效质量，还需要加上背景介电常数，表示载流子之外的其他极化过程。

$$\varepsilon(\omega) = \varepsilon_{op} - \frac{\omega_p^2\varepsilon_0}{\omega^2 + \mathrm{j}\gamma\omega} \tag{1.96}$$

$$\omega_p^2 = \frac{Nq^2}{m^*\varepsilon_0} \tag{1.97}$$

1.2.4 能流和坡印廷矢量

对于横向电磁波，根据法拉第定律，电场和磁场满足关系式

$$E_x = VB_y = \frac{c}{n}B_y \tag{1.98}$$

电磁场能量转化满足

$$\frac{1}{2}\varepsilon_0\varepsilon_r E_x^2 = \frac{1}{2\mu_0}B_y^2 \tag{1.99}$$

其中 ε_r 为相对介电常数。

电磁波的能量密度定义为单位时间内通过单位面积的总能量。设通过的面积为 A，相速度为 V，在 Δt 时间内通过面积 A 的总能量是

$$(AV\Delta t)\left(\frac{1}{2}\varepsilon_0\varepsilon_r E_x^2\right) + (AV\Delta t)\frac{1}{2\mu_0}B_y^2 = (AV\Delta t)(\varepsilon_0\varepsilon_r E_x^2) \tag{1.100}$$

能量密度 S 表示为

$$S = \frac{(AV\Delta t)(\varepsilon_0\varepsilon_r E_x^2)}{A\Delta t} = V\varepsilon_0\varepsilon_r E_x^2 = V^2\varepsilon_0\varepsilon_r E_x B_y \tag{1.101}$$

矢量形式(坡印廷矢量)为

$$S = V^2 \varepsilon_0 \varepsilon_r E \times B \tag{1.102}$$

坡印廷矢量的核心是电磁传播过程中能量守恒,而且传播方向为与电场和磁场垂直的方向。

下面推导坡印廷矢量的微分形式。在 Maxwell 方程的电场和磁场旋度两边分别右乘 H 和 E,得到

$$(\nabla \times E) \cdot H = -\mu_0 \frac{\partial H}{\partial t} \cdot H - \mu_0 \frac{\partial M}{\partial t} \cdot H \tag{1.103}$$

$$(\nabla \times H) \cdot E = \varepsilon_0 \frac{\partial E}{\partial t} \cdot E + \varepsilon_0 \frac{\partial p}{\partial t} \cdot E + J \cdot E \tag{1.104}$$

利用点乘和叉乘的关系

$$\nabla \cdot (E \times H) = (\nabla \times E) \cdot H - (\nabla \times H) \cdot E \tag{1.105}$$

从(1.47)～(1.49)得到

$$\nabla \cdot (E \times H) + \frac{\partial}{\partial t}\left(\frac{1}{2}\varepsilon_0 E^2\right) + \frac{\partial}{\partial t}\left(\frac{1}{2}\mu_0 H^2\right) + E \cdot \frac{\partial p}{\partial t} + H \cdot \frac{\partial}{\partial t}(\mu_0 M) + E \cdot J = 0 \tag{1.106}$$

因此坡印廷矢量的微分形式为

$$\nabla \cdot (E \times H) + \frac{\partial}{\partial t}(W_e + W_m) + E \cdot J = 0 \tag{1.107}$$

其中 W_e, W_m 分别为电能密度和磁能密度。

$$W_e = \frac{1}{2}\varepsilon_0(1 + \chi_e)E^2 = \frac{1}{2}\varepsilon E^2 \tag{1.108}$$

$$W_m = \frac{1}{2}\mu_0(1 + \chi_m)H^2 = \frac{1}{2}\mu H^2 \tag{1.109}$$

1.2.5　斯奈尔定律和全反射

如图 1.7 所示,当一列平面波从一种介质传播到另一种介质中时,传播路径会发生变化,我们称之为折射。在介质 1 中,AB 为等相位面,入射角为 θ_i,折射率为 n_1,介质 2 的折射率为 n_2,折射角为 θ_r。波阵面在两种介质界面发生折射,在介质 1 中当波从 B_1 传输到 B_2 时,其相速度为 V_1,所用时间为 t,因此 $B_1 B_2 = V_1 t$。在介质 2 中,波从 A_1 传播到了 A_2,其相速度为 V_2,所用时间为 t,因此 $A_1 A_2 = V_1 t$。由几何关系可知

$$A_1 B_2 = \frac{V_1 t}{\sin \theta_i} = \frac{V_2 t}{\sin \theta_t} \tag{1.110}$$

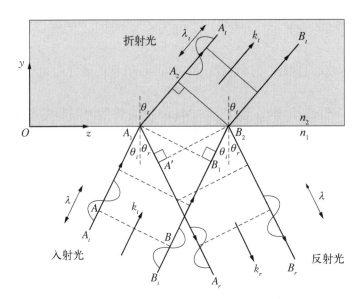

图 1.7　斯奈尔定律和反射定律的原理示意图

即可得到折射定律

$$\frac{\sin \theta_i}{\sin \theta_t} = \frac{V_1}{V_2} = \frac{c/n_1}{c/n_2} = \frac{n_2}{n_1} \tag{1.111}$$

当发生全反射时 $\theta_t = 90°$，可得

$$\sin \theta_c = \frac{n_2}{n_1} \tag{1.112}$$

式(1.112)中的 θ_c 为临界角，当入射角 θ_i 大于临界角时，折射光的强度为零，电磁波发生了全反射。

当折射光线从 A_1 点到 A_2 点时，反射光线从 A_1 到 A'，$A_1A' = B_1B_2 = V_1 t$。根据几何关系，同样满足

$$A_1 B_2 = \frac{V_1 t}{\sin \theta_i} = \frac{V_1 t}{\sin \theta_r} \tag{1.113}$$

得到反射定律

$$\theta_i = \theta_t \tag{1.114}$$

图 1.8 演示了随着入射角的增大，折射角增大至发生全反射的光路图。

由斯奈尔定律知：当入射角大于临界角时，没有折射波，但是仍然可以观测到电磁波沿着两种介质的交界面处传播，称为消逝波。

消逝波的电场强度满足

$$E_{t,\perp}(y,z,t) = \mathrm{e}^{-\alpha_2 y} \exp \mathrm{j}(\omega t - k_{iz} z) \tag{1.115}$$

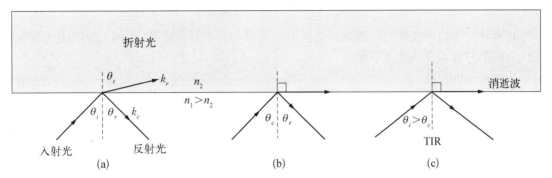

图 1.8　入射光线在两种不同介质的界面发生折射,反射和全反射的示意图

式中 α_2 为衰减系数,决定电场在介质 2 中 y 方向的穿透深度

$$\alpha_2 = \frac{2\pi n_2}{\lambda} \left[\left(\frac{n_1}{n_2} \right)^2 \sin^2\theta_i - 1 \right]^{1/2} \tag{1.116}$$

透射深度为

$$y = 1/\alpha_2 \tag{1.117}$$

1.2.6　光的反射率和透过率计算

菲涅尔方程用于计算光从一种介质入射到另外一种介质时的透过率和反射率,用处非常广泛。如图 1.9 所示,光以入射角 θ_i 从折射率为 n_1 的介质入射到折射率为 n_2 的介质,其折射角为 θ_t,反射角为 θ_r。

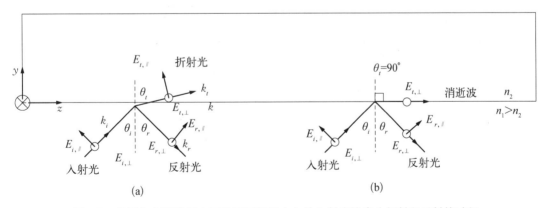

图 1.9　菲涅尔方程推导中两种不同偏振方向的入射光线发生折射和反射的过程

(a) $\theta_i < \theta_c$　(b) $\theta_i > \theta_c$

如果用 E_i,E_t 和 E_r 分别表示入射、透射和反射光线,它们分别可以表示为

$$E_i = E_{i0} \exp \mathrm{j}(\omega t - k_i.r) \tag{1.118}$$

$$E_t = E_{t0} \exp \mathrm{j}(\omega t - k_t.r) \tag{1.119}$$

$$E_r = E_{r0} \exp j(\omega t - k_r . r) \tag{1.120}$$

在两种介质的界面处的电磁波发生折射时满足边界连续性条件,即电场和磁场沿界面切线方向的分量在介质两边不变。

边界连续性方程

$$E_{\text{tangential}}(1) = E_{\text{tangential}}(2) \tag{1.121}$$

$$B_{\text{tangential}}(1) = B_{\text{tangential}}(2) \tag{1.122}$$

通过关系式(1.65)和(1.66),我们容易得到边界处电场垂直和水平分量满足的条件。

$$B_{\perp} = (n_i/c)E_{//}$$
$$B_{//} = (n_i/c)E_{\perp} \quad (i = 1, 2) \tag{1.123}$$

$$-E_{i//}\cos\theta_i + E_{r//}\cos\theta_r = -E_{t//}\cos\theta_i$$
$$B_{i\perp} + B_{r\perp} = B_{t\perp} \tag{1.124}$$

$$-E_{i//}\cos\theta_i + E_{r//}\cos\theta_r = -E_{t//}\cos\theta_i$$
$$\frac{n_1}{c}E_{i//} + \frac{n_1}{c}E_{r//} = \frac{n_2}{c}E_{t//} \tag{1.125}$$

从(1.69)可以推导计算折射、透射系数与入射角的关系

$$r_{//} = \frac{E_{r0,\,//}}{E_{i0,\,//}} = \frac{[n^2 - \sin^2\theta_i]^{1/2} - n^2\cos\theta_i}{[n^2 - \sin^2\theta_i]^{1/2} + n^2\cos\theta_i} \tag{1.126}$$

$$t_{//} = \frac{E_{t0,\,//}}{E_{i0,\,//}} = \frac{2n\cos\theta_i}{n^2\cos\theta_i + [n^2 - \sin^2\theta_i]^{1/2}} \tag{1.127}$$

$$r_{\perp} = \frac{E_{r0,\,\perp}}{E_{i0,\,\perp}} = \frac{\cos\theta_i - [n^2 - \sin^2\theta_i]^{1/2}}{\cos\theta_i + [n^2 - \sin^2\theta_i]^{1/2}} \tag{1.128}$$

$$t_{\perp} = \frac{E_{t0,\,\perp}}{E_{i0,\,\perp}} = \frac{2\cos\theta_i}{\cos\theta_i + [n^2 - \sin^2\theta_i]^{1/2}} \tag{1.129}$$

其中 $n = n_2/n_1$。由上述菲涅尔方程,我们可以得到如下关系式

$$r_{\perp} + 1 = t_{\perp} \tag{1.130}$$

$$r_{//} + nt_{//} = 1 \tag{1.131}$$

当垂直入射时

$$r_{//} = r_{\perp} = \frac{n_1 - n_2}{n_1 + n_2} \tag{1.132}$$

随着入射角度的增加,$r_{//}$ 逐渐减小。当 $r_{//} = 0$ 时,对应的入射角 θ_p 称为布儒斯特角,它满足

$$\tan\theta_p = \frac{n_2}{n_1} \tag{1.133}$$

在这种入射角下,反射光线为偏振光,而且偏振方向与入射平面垂直。

我们推导在两种介质界面反射时相位变化随入射角的变化。再次定义菲涅尔反射系数

$$r = e^{-2j\phi}$$

当 $n^2 - \sin^2\theta_i \leqslant 0$ 时

$$r_{//} = \frac{[n^2 - \sin^2\theta_i]^{1/2} - n^2\cos\theta_i}{[n^2 - \sin^2\theta_i]^{1/2} + n^2\cos\theta_i} = -\frac{n^2\cos\theta_i - i[\sin^2\theta_i - n^2]^{1/2}}{n^2\cos\theta_i + i[\sin^2\theta_i - n^2]^{1/2}} = -\frac{a - bj}{a + bj}$$

我们定义 $a + bi = e^{i\phi}$,上式改写成

$$r_{//} = -\frac{e^{-j\phi}}{e^{j\phi}} = -e^{-j2\phi}$$

因此可以得到在反射点相位变化公式

$$\tan\left(\frac{1}{2}\phi_{//} + \frac{1}{2}\pi\right) = \frac{[\sin^2\theta_i - n^2]^{1/2}}{n^2\cos\theta_i} \tag{1.134}$$

$$\tan\left(\frac{1}{2}\phi_{\perp}\right) = \frac{[\sin^2\theta_i - n^2]^{1/2}}{\cos\theta_i} \tag{1.135}$$

光波在反射过程中反射系数和反射光线在反射点的相位改变随入射角的变化,如图 1.10 所示。

反射率表示反射光相对于入射光而言的强度。可以分为与入射平面垂直的分量和平行

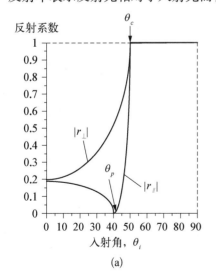

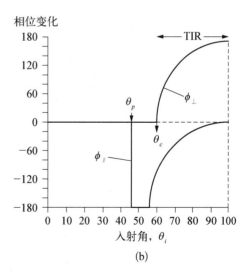

(a)   (b)

图 1.10　反射系数和相位改变随入射角的变化

(a) 反射系数　(b) 相位改变

的分量的反射率

$$R_{//} = \frac{|E_{r0,//}|^2}{|E_{i0,//}|^2} = |r_{//}|^2 \tag{1.136}$$

$$R_{\perp} = \frac{|E_{r0,\perp}|^2}{|E_{i0,\perp}|^2} = |r_{\perp}|^2 \tag{1.137}$$

其中,电场

$$|E_{r0,//}|^2 = (E_{r0,//})(E_{r0,//})^* \tag{1.138}$$

对于垂直入射的光而言,反射率为

$$R = R_{\perp} = R_{//} = \left(\frac{n_1 - n_2}{n_1 + n_2}\right)^2 \tag{1.139}$$

透射率表示透射的光强与入射光强的比值,考虑到透射光与入射光处于不同的介质中,透射率与反射率在形式上有些不同。

$$T_{//} = \frac{V_2 \varepsilon_0 \varepsilon_{r2} |E_{t0,//}|^2}{V_1 \varepsilon_0 \varepsilon_{r1} |E_{i0,//}|^2} = \frac{c/n_2 \times n_2^2 |E_{t0,//}|^2}{c/n_1 \times n_1^2 |E_{i0,//}|^2} = \frac{n_2 |E_{t0,//}|^2}{n_1 |E_{i0,//}|^2} = \left(\frac{n_2}{n_1}\right) |t_{//}|^2$$
$$\tag{1.140}$$

$$T_{\perp} = \frac{n_2 |E_{t0,\perp}|^2}{n_1 |E_{i0,\perp}|^2} = \left(\frac{n_2}{n_1}\right) |t_{\perp}|^2 \tag{1.141}$$

垂直入射时,透射率满足

$$T = T_{\perp} = T_{//} = \frac{4n_1 n_2}{(n_1 + n_2)^2} \tag{1.142}$$

1.2.7 古斯汉欣位移及应用

我们知道,当光线从光密介质以大于临界角的入射角入射到光疏介质中时会发生全反射现象。以往的光线传播理论都认为反射光是从入射光与两种介质分界面处的接触点开始反射。然而相关的光学实验结果表明,反射光线、入射光线分别与两种介质交界面的交点并不相同,两者之间存在着一个位移 Δx,这个位移称为古斯汉欣位移。它表明,实际上光线是在光疏介质的内部某一个平面上发生反射的,如图1.11所示。

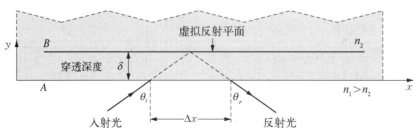

图1.11 古斯汉欣位移示意图

其中，Δx 满足关系式

$$\Delta x = 2\delta \tan\theta_i ,\ \delta = 1/\alpha \tag{1.143}$$

而当介质 2 的厚度不断减少到某一值时，在介质 2 的另一侧会出现一束光强较弱的光，如同入射光通过隧穿到达了介质的另一端，而这种现象用几何光学理论是无法解释的，称为光学隧穿效应，如图 1.12 所示。

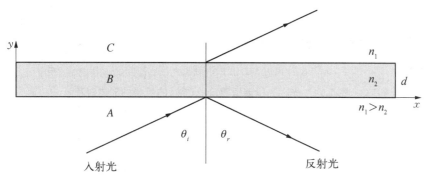

图 1.12　古斯汉欣位移引起的光学隧穿的应用

光学隧穿可以应用在分光镜，如图 1.13(b) 所示。当将两个棱镜组合在一起而且中间插入一层较低折射率介质时，可以将入射光分成反射和透射光束，通过调节中间介质的厚度，可以调节反射和透射光强的比例。

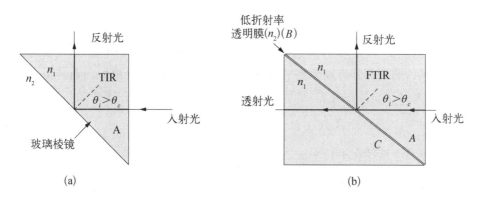

图 1.13　古斯汉欣位移引起的光学隧穿的应用
(a) 光垂直入射到玻璃棱镜中然后在与空气的界面上反射示意图
(b) 光垂直入射到玻璃棱镜中在 A 和 B 界面上反射和透射的示意图

1.3　光的干涉和应用

1.3.1　光学谐振腔

光学谐振腔是用来储存能量和实现光学滤波的器件。最常见的光学谐振腔是由两块平行的平面镜组成,称为法布里-珀罗谐振腔或标准具(Fabry-Perot,F-P)。图 1.14 表示的就是 F-P 谐振腔的原理图和一些相关的性质。

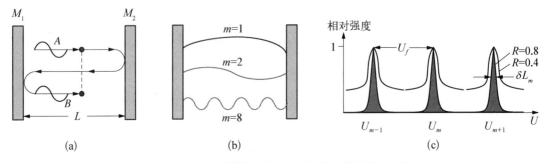

图 1.14　光在光学谐振腔(F-P腔)的腔模的形成过程

(a) A 和 B 线光在腔中传播并干涉示意图　(b) 光在腔中形成的驻波模式　(c) 光在腔中形成的驻波的频率

对于 F-P 谐振腔,产生谐振必须满足条件,即形成驻波的条件

$$m\left(\frac{\lambda}{2}\right)=L \tag{1.144}$$

谐振频率

$$\nu_m=m\left(\frac{c}{2L}\right)=m\nu_f;\ \nu_f=c/(2L) \tag{1.145}$$

式 $\nu_f=c/(2L)$ 对应于 $m=1$,表示谐振基模,也表示模间距。

让我们来研究 F-P 谐振腔的谐振原理。对于任意向右传播的电磁波,一部分经过右边的反射镜透过后,剩余部分再经两侧平面镜反射后,新的电磁波会继续向右传播。经过一次往返后的电磁波会与原波相叠加,得到新的波形。往返一次后第一次叠加

$$A+B=A+Ar^2\exp(-\text{j}2kl) \tag{1.146}$$

同理,新的电磁波会继续在平行平面之间往返传播若干次后与原电磁波叠加,形成一个无穷级数

$$E_{\text{cavity}}=A+B+\cdots=A+Ar^2\exp(-\text{j}2kL)+Ar^4\exp(-\text{j}4kL)+Ar^6\exp(-\text{j}6kL)+\cdots \tag{1.147}$$

对上述无穷级数(等比数列)求和得到

$$E_{\text{cavity}}=\frac{A}{1-r^2\exp(-\text{j}2kL)} \tag{1.148}$$

得到最终的场强表示为

$$I_{\text{cavity}}=|\,E_{\text{cavity}}\,|^2=\frac{I_0}{(1-R)^2+4R\sin^2(kL)} \tag{1.149}$$

其中 $R = r^2$，$I_0 = A^2$。

由谐振腔中电磁波强度的表达式可知

$$I_{\max} = \frac{I_0}{(1-R)^2} \tag{1.150}$$

此时，$k_m L = m\pi$。

频谱宽度 $\delta\nu_m$ 为某一模式的半高峰宽度

$$\delta\nu_m = \frac{\nu_f}{F} \tag{1.151}$$

$$F = \frac{\pi R^{1/2}}{1-R} \tag{1.152}$$

其中 F 称为谐振腔的品质因子。

1.3.2　光学谐振腔的应用

如果强度为 I_i 的入射光从 F-P 腔的左边入射，经过左边反射镜的透过后进入 F-P 进行多重干涉，然后经过右边反射镜输出，因此入射光和透射光满足（见图 1.15）。

$$I_t = I_i \frac{(1-R)^2}{(1-R)^2 + 4R\sin^2(kL)} \tag{1.153}$$

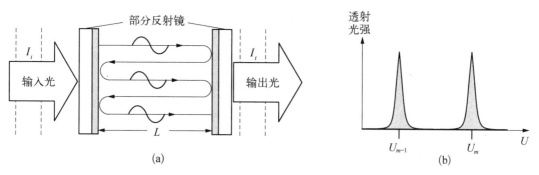

图 1.15　穿过法布里-珀罗光学谐振腔的透射光

（a）法布里-珀罗标准具　（b）谐振腔的透射光

1.3.3　空间相干和时间相干

当一列连续波从波源发出后向空间的某个方向传播，在其传播方向上的某一点的相位和强度为已知时，可以确定离此点一定距离后的任意一点的相位和强度，则称此列波为永久相干波，如图 1.16(a) 中的单色正弦波中的 P_1、P_2 两点，已经 P_1 点的相位和强度可以确定 P_2 点的相位和强度。

如果一列脉冲波持续时间为 Δt，这列波只在 Δt 时间内相干，我们称为在时隙 Δt 内暂态相干。Δt 为相干时间,$c\Delta t$ 为相干长度,频域内的频谱宽度为 $\Delta \nu = 1/\Delta t$,如图 1.16 (b)所示。

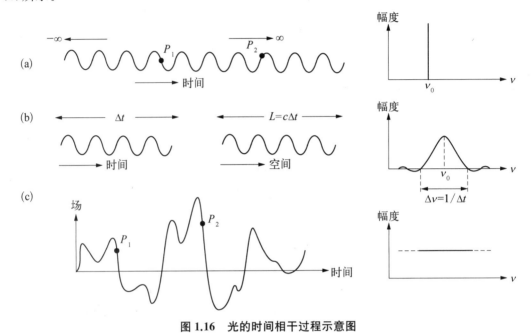

图 1.16　光的时间相干过程示意图

(a) 单频耦合正弦波　(b) 具有一定脉宽 $\Delta \nu$ 和持续时间 Δt 的脉冲　(c) 高斯白噪声

如图 1.17(a)所示,对于一列正弦波 A,$E_x = E_0 \sin(\omega_0 t - k_0 z)$,如果另一列同频的正弦波同向传播,在 Δt 内它们发生干涉,则相干时间为 Δt,相干长度为

$$l = c\Delta t \tag{1.154}$$

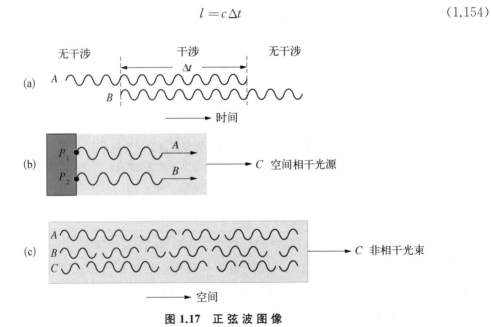

图 1.17　正弦波图像

(a) 两列正弦波在一定时间范围 Δt 内相干　(b) 同一光源发出的波空间相干　(c) 同一光源发出的波没有相干性

空间相干描述的是从同一光源的不同位置发出的光之间具有一定的相位差,如图 1.17(b)图所示。而对于不相干的波,它们的相位是随机变化的,波列之间没有确定的相位差,如 1.17(c)图所示。

1.4　光的衍射和应用

衍射指的是电磁波绕过障碍物,沿着原来的方向继续传播的现象。大家最为熟悉的衍射就是水波和声波的衍射。电磁波也同样具有波的衍射性质。当障碍物的尺寸与电磁波的波长具有同一数量级时,就可以发生明显的衍射现象。我们以最常见的两种衍射——夫朗和费衍射和菲涅尔衍射来具体说明电磁波的衍射。

1.4.1　夫朗和斐衍射和菲涅尔衍射

光源和接收屏离孔径很远,孔径处的入射光相当于平行光束,此时的衍射光斑为夫琅和斐衍射,如图 1.18 所示。

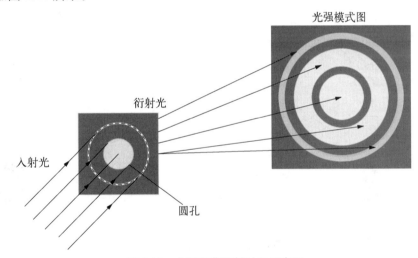

图 1.18　夫朗和费衍射过程示意图

对于菲涅尔衍射来说,入射光线和接收光并非平面光波,一般光源和接收屏离孔径都比较近,波阵面有一定的弯曲度,这样波阵面上的每一个点都可以看成是新的波源,向外辐射光波,而空间中任意一点的场强则是所有子波的叠加,如图 1.19 所示。

图 1.20 是菲涅尔衍射图样,可以看出,通过光栅后的衍射图样为明暗相间的条纹。衍射的场强分布推导如下。

设光栅的宽度为 a,将光栅分为若干个相同宽度的子波源宽度 δy,如图 1.20 所示。其中光线 A 与距离为 δy 的另一平行光线 B 发生干涉,在距离光栅垂直距离为 L 的屏上形成干涉条纹。设光线 A 的相位为零,则另一光线的相位为 $ky\sin\theta$,因此该光线的电场强度为

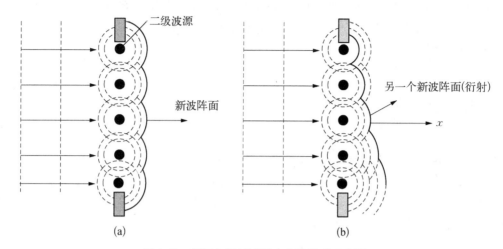

图 1.19 菲涅尔衍射过程中次波形成示意图

（a）与入射光线垂直的新波阵面形成示意图 （b）与入射光线成某个角度的新波阵面形成示意图

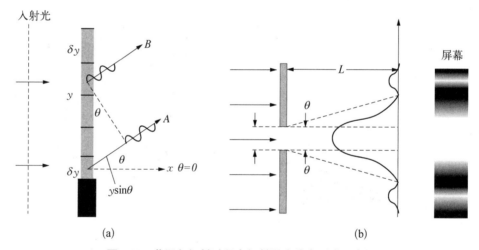

图 1.20 菲涅尔衍射过程中衍射强度分布形成示意图

$$\delta E \propto (\delta y)\exp(-\mathrm{j}ky\sin\theta) \tag{1.155}$$

经过整个光栅小孔的电场大小则为上述若干个电场元的积分

$$E(\theta) = c\int_{y=0}^{y=a} \delta y\exp(-\mathrm{j}ky\sin\theta) \tag{1.156}$$

其中 a 为衍射孔宽度,积分后电场强度为

$$E(\theta) = \frac{c\,\mathrm{e}^{-\mathrm{j}\frac{1}{2}ka\sin\theta}a\sin\left(\frac{1}{2}ka\sin\theta\right)}{\frac{1}{2}ka\sin\theta} \tag{1.157}$$

接收屏上衍射强度为

$$I(\theta) = \left[\frac{c'a\sin\left(\frac{1}{2}ka\sin\theta\right)}{\frac{1}{2}ka\sin\theta} \right]^2 = I(0)\sin c^2(\beta) \tag{1.158}$$

其中 $\beta = \dfrac{1}{2}ka\sin\theta$ 。

场强极大值的位置

$$y\sin\theta = m\lambda , \quad m = 0, \pm 1, \pm 2, \cdots \tag{1.159}$$

$$\sin c(\beta) = \sin(\beta)/\beta \tag{1.160}$$

由于缝宽为 a，则场强极大值对应的入射角满足

$$\sin\theta = \frac{m\lambda}{a}; \quad m = \pm 1, \pm 2, \cdots \tag{1.161}$$

对于方形或者圆形等二维孔径，衍射规律比一维衍射复杂得多，但是其衍射规律同样可以依据菲涅尔衍射特点来求得。这里定义圆形孔径的衍射图样为艾里环，其中心的亮盘为艾里斑，第一个暗环中心的半径称为艾里斑半径，所对应的衍射角 θ 与圆孔孔径的关系满足

$$\sin\theta = 1.22\frac{\lambda}{D} \tag{1.162}$$

图 1.21 为两个物体衍射过程中艾里斑分布示意图。当两个物体 S_1，S_2 相距较远时，艾里斑也相距较远，但当两个物体中心之间的距离越来越小时，两个艾里斑也越来越近，直到一个艾里斑的边缘与另一个艾里斑的中心重合，此时两个艾里斑难以分辨。瑞利

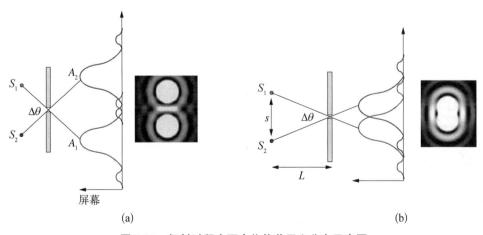

图 1.21　衍射过程中两个物体艾里斑分布示意图

(Rayleigh)规则定义此时两个物体中心之间的距离 s 为该成像系统的分辨力。

艾里斑的半径对应的衍射角为 θ,当一个艾里斑的边缘与另一个艾里斑的中心重合时两个艾里斑中心的衍射夹角 $\Delta\theta_{\min}$ 等于 θ,即

$$\sin(\Delta\theta_{\min}) = 1.22\frac{\lambda}{D} \tag{1.163}$$

根据图 1.22 的几何关系,可得该成像系统(衍射系统)的分辨力为

$$s = 2L\tan(\Delta\theta_{\min}/2) \tag{1.164}$$

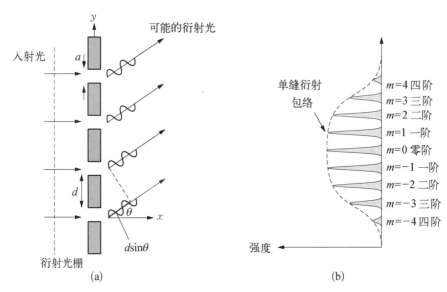

图 1.22 衍射光栅工作原理示意图
(a) 衍射光栅 (b) 衍射强度分布

1.4.2 衍射光栅

衍射光栅是最简单的光学结构,是在不透明的材料上所刻蚀周期性的钩槽结构,通过控制刻槽的宽度和周期起到控制光衍射的目的。图 1.22 是衍射光栅的结构和相应的衍射条纹。其中衍射图样满足

$$d\sin\theta = m\lambda\,;\ m = 0, \pm1, \pm2, \cdots \tag{1.165}$$

当光线入射角为 θ_i 时,衍射图样满足

$$d(\sin\theta_m - \sin\theta_i) = m\lambda\,;\ m = 0, \pm1, \pm2, \cdots \tag{1.166}$$

衍射光栅分为透射光栅和反射光栅。对于透射光栅,衍射光线与入射光线分别位于光栅两侧,如图 1.23(a)所示;而对于反射光栅,衍射光线与入射光线位于光栅同一侧,如图 1.23(b)所示。

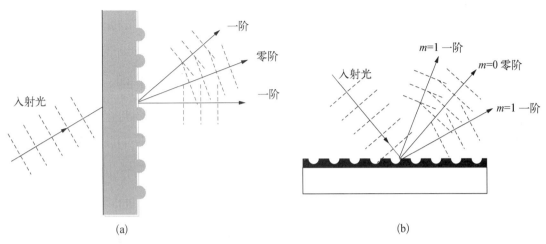

图 1.23　透射光栅和反射光栅结构示意图

（a）透射光栅　（b）反射光栅

衍射光栅在精密仪器（如可调谐激光源等）具有重要应用。

1.5　偏振光学基础

在电磁波的传播过程中,电场和磁场方向始终与传播方向垂直,并且电场与磁场的方向也相互垂直。如果电磁波沿着 z 轴方向传播,电场 E 可以是 x-y 平面中任意的方向。电磁波的偏振描述的是电场分量的特性。

1.5.1　偏振态和透过率

如果电场强度 E 只在某一个方向上作周期性的变化,那么该电磁波称为线性偏振波。该电场的振动方向和电磁波传播的方向所确定的平面为偏振平面,因此线性偏振的波也称为平面偏振波;如果电场分量的振动方向是任意的,并与传播方向 z 垂直,这样的电磁波为非偏振电磁波。将非偏振电磁波通过有固定通光方向的偏振器,可以得到线性偏振波。

线性偏振波可以表示为

$$E = XE_x + YE_y = XE_{x0}\cos(\omega t - kz) \pm YE_{y0}\cos(\omega t - kz) \tag{1.167}$$

线性偏振波,电场的 X 分量与 Y 分量相位差

$$\Delta\phi = 0,\ \pi$$

除了线性偏振波外,常见的偏振电磁波还有圆偏振波和椭圆偏振波,它们都是根据电场矢量端点在空间上的变化轨迹来定义的。如果电场的强度保持不变,而在 z 轴上任一位置,端点轨迹为圆形的周期变化,称为圆偏振波;同理,如果轨迹为椭圆则为椭圆偏振波(见

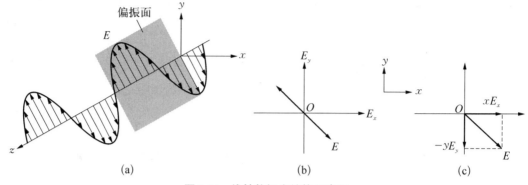

图 1.24　线性偏振光结构示意图

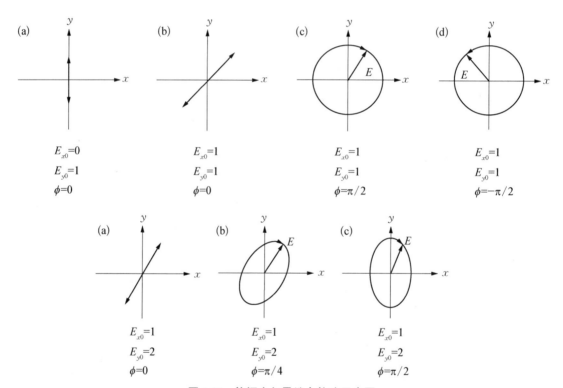

图 1.25　偏振光矢量端点轨迹示意图

图 1.24）。典型的圆偏振波电场的 XY 分量强度相同而相位相差 $\pi/2$（见图 1.25）。圆偏振波可以表示为

$$E = XA\cos(\omega t - kz) \pm YA\sin(\omega t - kz) \tag{1.168}$$

椭圆偏振波可表示为：

$$E = XE_x + YE_y = XE_{x0}\cos(\omega t - kz) \pm YE_{y0}\cos(\omega t - kz + \phi) \tag{1.169}$$

其中 $\phi \neq 0, \pi$，实际上，圆偏振波可以看成是椭圆偏振波的一种特例。

　　有许多光学器件可以用来改变光的偏振态，最常见的就是偏振器。线性偏振器只允许

沿着偏振方向的电磁波透过而阻止其他方向的分量透过。一些双色晶体(如电气石晶体)是良好的偏振器,因为材料的各向异性,能够减弱振动方向与晶体光轴方向不同的电磁波,并且透过的电磁波为线性偏振波。

假定一束经过偏振器后的线性偏振波再次通过另外一个偏振器,通过旋转第二个偏振器,我们可以得到任意偏振方向的入射偏振光。因此前后两个偏振器的光轴夹角为 θ,入射偏振光电场强度为 E,则透过第二个偏振器(检偏器)的电场强度为 $E\cos(\theta)$,光辐射强度满足马吕斯定律

$$I(\theta) = I(0)\cos^2\theta \tag{1.170}$$

1.5.2　光在双折射晶体中的传播

各向异性介质的显著特点就是介质的性质取决于晶体的方向,不同的取向性质也不同。介电常数依赖于电子的极化,即电子相对于原子核的位移量。这表明,介质的折射系数 n 也与光传播的方向和偏振方向有关。大多数非晶材料如玻璃,液体和立方晶体都是各向同性的,整个介质的折射系数沿各个方向都相同。而对于所有非立方晶体而言,折射系数与光传播方向和偏振方向有关(见图 1.26 和图 1.27)。

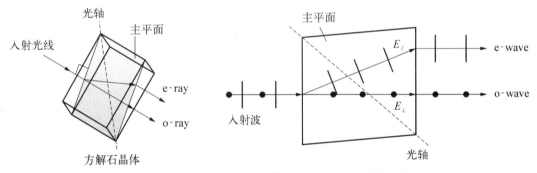

图 1.26　入射光经过双折射晶体后分成 o 光和 e 光的示意图

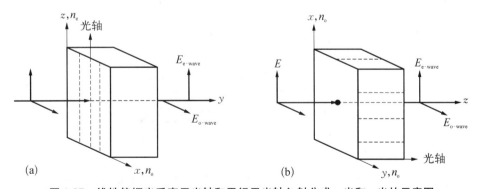

图 1.27　线性偏振光垂直于光轴和平行于光轴入射分成 o 光和 e 光的示意图

当光通过各向异性材料时,除了某些特定的方向外,任何非偏振的光通过该晶体都会分裂成两束具有不同偏振方向的光:常光(o)和非常光(e)。常光和非常光的偏振方向相互垂

直。晶体光轴与晶面(通过晶体中原子中心的平面)法线构成的面称为主截面。当一束光垂直于晶面入射时,常光的振动方向垂直于光轴和光传播方向,遵循斯奈尔定律;非常光的偏振方向在主截面内,且与常光偏振方向垂直(见图 1.28)。

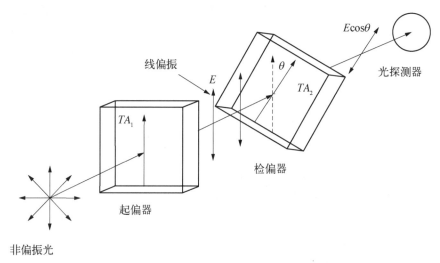

图 1.28　偏振光强度随第二个偏振片旋转角度的变化示意图

如果晶体的光轴平行于晶面,平行晶面进入晶体的光将不会产生双折射;如果光轴垂直于晶面,常光与非常光将会沿着同样的方向传播,这样也不会产生双折射。

1.5.3　双折射晶体的应用

1. 半波片和四分之一波片

由于具有双折射的晶体对 o 光和 e 光的折射率不同,光束通过晶体时,o 光和 e 光产生的相位也不同。

$$\phi = \frac{2\pi}{\lambda}(n_{\mathrm{e}} - n_{\mathrm{o}})L \tag{1.171}$$

当一束线偏振光通过双折射晶体时,如果经过厚度为 d 后 o 光和 e 光的相位差为 π 度,则该偏振光偏振面将旋转 90°,这样厚度的晶体称为二分之一波片。如果经过厚度为 d 后 o 光和 e 光的相位差为 π/2 时,则该偏振光偏振面将旋转 45°,这样厚度的晶体称为四分之一波片。二分之一波片和四分之一波片通常在相位调制器中有重要应用,如将其插入在起偏器和双折射晶体之间时,使线偏振光在进入双折射晶体之提前旋转 90°或 45°,因此可以降低偏置电压或降低双折射晶体厚度的目的。

2. 偏振方向调节器

如图 1.29 所示,有两种晶体可以构成偏振方向旋转器。上下层是双折射晶体,但光轴相互垂直。中间层是各向同性介质。当线偏振光从上进入厚度为 d 的双折射晶体楔子时,分成振动方向相互垂直的 e 光(电场 E_1)和 o 光(电场 E_2),其在该晶体中的折射率分别为 n_{o}、n_{e}。电场为 E_1 的 e 光和电场为 E_2 的 o 光在进入中间的各向同性的晶体后偏振方向并不发生改变,然后进入第二片双折射晶体。

　　由于第二片双折射晶体的光轴方向与第一片相互垂直,根据 o 光和 e 光的定义,则电场为 E_1 的 e 光和电场为 E_2 的 o 光在进入第二片双折射晶体后分别变为 o 光(电场 E_1)和 e 光(电场 E_2)。在第二片晶体输出端的相位分别为

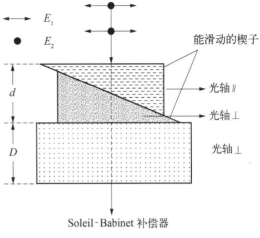

$$\phi_1 = \frac{2\pi}{\lambda}(n_e d + n_o D) \quad (1.172)$$

$$\phi_2 = \frac{2\pi}{\lambda}(n_o d + n_e D) \quad (1.173)$$

图 1.29　线性偏振光相位差和偏振方向调节原理示意图

因此相应的相位差为

$$\phi = \phi_2 - \phi_1 = \frac{2\pi}{\lambda}(n_e - n_o)(D - d) \qquad (1.174)$$

　　从(1.148)式可知,通过调节 d,可以实现线偏振光两个相互垂直分量的相位差的调节,也即实现线偏振光偏振方向的调节,如图 1.29 所示。

习　题

　　1. 一束光在折射率为 $n_1 = 1.460$ 的透明介质 1 中传播,入射到折射率为 $n_2 = 1.430$ 的另一透明介质 2,假定光束的自由空间波长为 850 nm,请根据要求完成以下三题。

　　(1) 在两种介质界面发生 TIR(全反射)的最小入射角是多少?

　　(2) 当入射角分别为 $\theta_i = 85°$, 90°时,偏振面平行和垂直于入射平面的反射波的相位变化分别是多少? 介质 2 的渐逝波的穿透深度分别是多少?

　　(3) 当在石英媒质($n = 1.455$)中传播的光束垂直入射($\theta_i = 90°$)到石英—空气界面时,反射系数和反射率分别是多少?

　　2. 有一束非相干光从自由空间以入射角 θ 入射到折射率为 n 和厚度为 d 的介质,然后再入射到无限厚度且折射率为 3.5 的介质中,试推导入射到最后介质的光强与入射光强的比值随 n 和 d 的变化关系。

　　3. 有一平行谐振腔,左右两边反射镜反射率分别为 R_1, R_2,腔长为 L,腔内介质折射率为 n,

　　(1) 有一束光谱宽度范围为 $\lambda_1 - \lambda_2$ 的相干光和非相干光 $I(\lambda)$ 分别从左端入射,推导两种入射光通过谐振腔后光强的表达式。

　　(2) 有一位于谐振腔中心位置的非相干光源光谱范围为 $\lambda_1 - \lambda_2$,光强为

$$I(\lambda)=I_0-Q(\lambda-\lambda_0)^2$$

如左反射镜反射率为 100%，而右反射镜反射率为 R，腔中间介质折射率为 $n=n_0-k\lambda$，推导右端反射镜输出光强的表达式。

4. 如图 1.30 所示，有两个点光源 S_1，S_2，相距为 S，在其右边 L_1 处有一个含有一个直径为 d 的圆孔的不透光介质板，在介质板右边有一相距为 L_2 的屏幕，请根据要求作答。

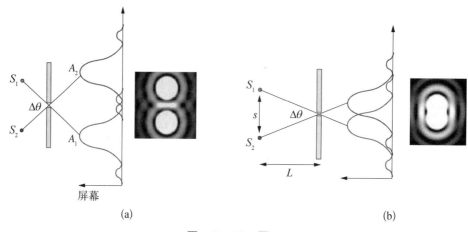

(a)   (b)

图 1.30　习　题　4

(1) 试推导当屏幕上两光源 S_1，S_2 的艾里斑中心之间的距离为艾里斑半径时两光源之间的距离 S。

(2) 如以上参数不变，当点光源的波长在 $400\sim760$ nm 之间变化时，如使 S 最小，则光源的波长应该为多少？

(3) 如点光源的波长分别为 λ_1 和 λ_2 时，且都在 $400\sim760$ nm 范围变化时，如使 S 最小，则两光源的波长分别应该取多少？

5. 设有两个偏振光 $E_x=E_{x0}\cos(\omega t-kz)$ 和 $E_y=E_{y0}\cos(\omega t-kz+\phi)$。证明 E_x 和 E_y 满足以 E_y 和 E_x 为坐标的椭圆方程

$$\left(\frac{E_x}{E_{x0}}\right)^2+\left(\frac{E_y}{E_{y0}}\right)^2-2\left(\frac{E_x}{E_{x0}}\right)\left(\frac{E_y}{E_{y0}}\right)\cos\phi=\sin^2\phi$$

(1) 当 ϕ 为多少时，该椭圆的主轴在 x 轴上。

(2) 当 ϕ 为多少时，形成线偏振光且与 x 轴夹角 $45°$。

(3) 当 ϕ 为多少时，为左旋和右旋的偏振光。

6. 现有折射率分别为 n_1，n_2 的两种各向同性材料，用该材料制备波导分束器。

(1) 能否将波长为 λ 的光分成传播方向相互垂直、强度比为 $1:1$ 的两束光？

(2) 能否将波长为 λ 的光分成传播方向相互垂直、偏振方向相互垂直的两束光？

第2章 半导体物理基础

2.1 概述

2.1.1 半导体基本概念

半导体是导电性介于导体与绝缘体之间的物质。大多数半导体位于元素周期表的第四组,在它的原子核外层有四个电子,通过它们能与晶体中的相邻原子构成共价键。对于单个原子,具有固定的能级。而对于原子晶格,需要用能带来描述。

原子中电子的线状能带结构如图 2.1 所示。根据结构化学的相关知识,原子是由原子核和电子组成,电子分布在原子核外的 $1s$,$2s2p$,$3s3p3d$,$4s4p4d5f$,…各层轨道上。其中,每一层轨道形成线状能级。

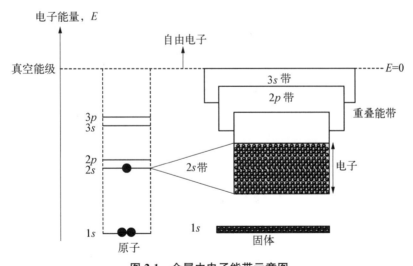

图 2.1 金属中电子能带示意图

2.1.2 能带和外电场作用下的能带

半导体晶格中,电子的能量与单个原子的情况完全不同。如图 2.2 所示,每个硅原子周围都有四个硅原子与其相连,电子作为连接硅原子之间的纽带。硅原子与价电子的相互作用使晶体中的电子能量形成两个完全不同的能带:导带和价带。导带和价带

之间存在一个带隙 E_g,其间不存在电子占有的能级,表示晶体中电子不存在的能态。价带顶记为 E_v,导带底记为 E_c,因此带隙为 $E_g = E_c - E_v$。 导带的宽度称为电子亲和势,用 χ 表示。

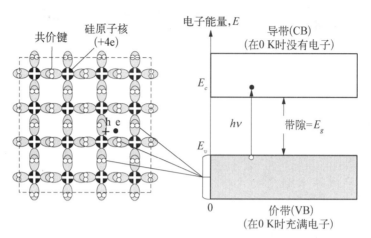

图 2.2　硅的电子能带结构示意图

在温度接近 0 K 时,导带基本为空,价带被电子填满。当入射的光子能量大于半导体带隙时,处于价带中的电子会吸收这个高能的光子,越过禁带,激发到导带。这样,会在价带中形成一个空穴,对应跃迁的电子。此时价带中对应的缺电子态我们称为空穴。受激跃迁的电子在导带中自由运动,在外加电场的条件下会形成电流。价带中的空穴也可以自由移动,因为价带中临近的电子会来填充该空穴,而在临近区域产生新的空穴,这类似于空穴在运动。因此,半导体的导电是电子和空穴运动共同作用的结果。

价带的电子能够吸收光子跃迁到导带,导带的电子也可以与价带的空穴复合以光子或者声子的形式释放能量。在一定的温度下,价带电子的跃迁和导带电子的复合处于稳定的平衡状态,此时电子和空穴的浓度取决于半导体晶格的温度。

2.1.3　半导体统计特性

能带结构及电子分布如图 2.3 所示。根据半导体物理学基本理论,导带内电子的态密度分布满足

$$g(E) \propto (E - E_c)^{1/2} \tag{2.1}$$

各能态被电子占据的概率满足费米-狄拉克分布

$$f(E) = \cfrac{1}{1 + \exp\left(\cfrac{E - E_F}{k_B T}\right)} \tag{2.2}$$

因此在能量为 E 的能级位置电子密度为

$$n_E = g(E) \cdot f(E) \tag{2.3}$$

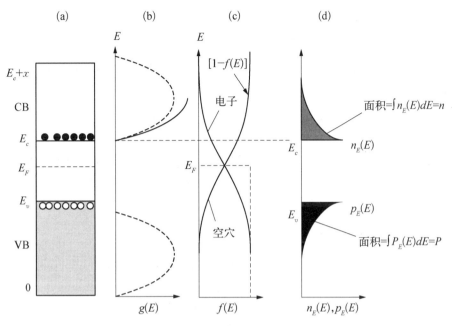

图 2.3 能带结构及电子分布图

2.1.4 本征半导体和非本征半导体

在量子力学中有两种普遍适用的统计分布,分别是费米－狄拉克分布和玻色-爱因斯坦分布。我们知道电子符合费米-狄拉克分布

$$f(E) = \frac{1}{1 + \exp\left(\dfrac{E - E_F}{k_B T}\right)} \tag{2.4}$$

其中 E_F, k_B, T 分别是费米能级、波尔兹曼常数和绝对温度。

对于无缺陷和未掺杂的理想半导体材料,若导带底和价带顶能量分别远大于和远小于费米能级,那么费米-狄拉克分布就可近似为麦克斯韦-波尔兹曼分布。简单来说,电子和空穴浓度分布符合麦克斯韦-波尔兹曼分布。

$$n = N_c \exp\left[-\frac{(E_c - E_F)}{k_B T}\right] \tag{2.5}$$

其中 N_c 为导带中电子的有效态密度,即

$$N_c = 2(2\pi m_e^* k_B T / h^2)^{3/2} \tag{2.6}$$

若 $E_c - E_F \gg k_B T$,半导体称为非简并半导体。价带中空穴的浓度为

$$p \approx N_v \exp\left[-\frac{(E_F - E_v)}{k_B T}\right] \tag{2.7}$$

同样 N_v 为价带中空穴的有效态密度,即

$$N_v = 2(2\pi m_h^* k_B T / h^2)^{3/2} \tag{2.8}$$

m_h^* 和 m_e^* 分别为空穴和电子的有效质量。其中,E_F 称为费米能级,它是电势能与吉布斯自由能之和,可以通过公式(2.9)计算。

$$E_F = E_v + \frac{1}{2}E_g - \frac{1}{2}kT\ln\left(\frac{N_c}{N_u}\right) \tag{2.9}$$

将公式(2.5),(2.7)电子与空穴浓度的两项表达式相乘,于是得到质量作用定律

$$np = N_c N_v \exp\left(-\frac{E_g}{k_B T}\right) = n_i^2 \tag{2.10}$$

半导体的电导率 σ 取决于电子和空穴的浓度以及材料的性质。

$$\sigma = e n \mu_e + e p \mu_h \tag{2.11}$$

$$\sigma = e N_d \mu_e + e\left(\frac{n_i^2}{N_d}\right)\mu_h \approx e N_d \mu_e \tag{2.12}$$

其中 μ_e,μ_h 分别是电子和空穴的迁移速率(m/s),e 是电子电量,N_d 是施主原子掺杂浓度。

图 2.4 为 n 型半导体的晶格结构和能带结构示意图。对于掺砷(As)的半导体硅,每个 As 原子替代一个硅(Si)原子与周围四个 Si 原子相连。由于 As 原子核外有五个价电子,多余的一个价电子会环绕 As 原子运动。这类似于氢原子核外的电子绕核运动。可以计算释放该电子需要的电离能,此能量大约为 0.05 eV,与室温下的热能相近。因此在室温下,相对于本征硅而言,该半导体的导带中会有大量电离的电子,掺杂后的半导体导电性增强。由于带正电的 As 原子不能移动,它只提供电子,称该半导体为 n 型半导体。

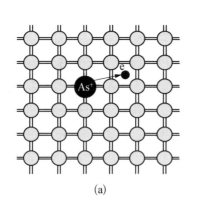
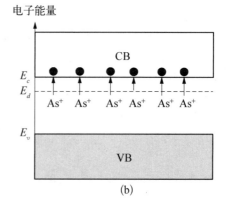

图 2.4　砷原子(As)与硅原子(Si)共用电子形成共价键及能带示意图

(a) 共价键　(b) 能带示意图

如图 2.5 所示,对于掺有三价原子硼(B)的半导体硅会形成 p 型半导体。当 B 与 Si 形成共价键时,由于 B 核外只有三个价电子,会缺少一个价电子,相当于存在一个空穴,临近的价

电子由于电荷吸引会来填充该空穴。B 离子对空穴的束缚能也非常小,大约为 0.05 eV,室温下同样可以电离。在掺 B 的半导体硅中,B 原子相当于电子的接受体。电子离开价带被硼离子接收,会在价带形成一个可自由移动的空穴,从而使半导体导电。

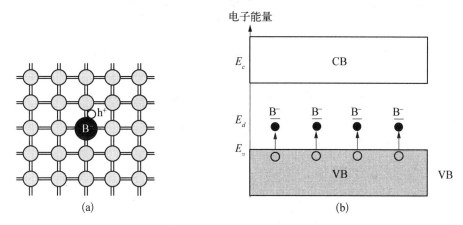

图 2.5　掺硼原子(B)的硅晶格及能带示意图

由于掺杂外来原子,半导体的费米能级会发生移动。在掺杂的本征半导体中,费米能级近似位于导带和价带中间。对于 n 型半导体,电子是多数载流子和主要的导电粒子,费米能级会向上移动,离导带底更近;对于 p 型半导体而言,空穴是多数载流子和主要的导电粒子,费米能级会向下移动,离价带顶更近,费米能级如图 2.6 所示。

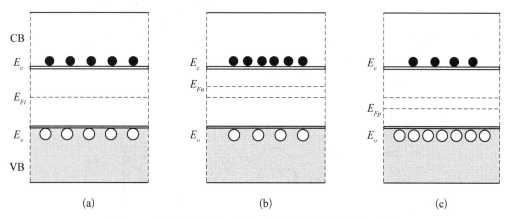

图 2.6　本征半导体和 p 型及 n 型半导体能带结构示意图

2.1.5　直接带隙和间接带隙半导体

如果我们把本征半导体看作是周期性的势阱,电子处于宽度为 L 的无限深势阱中,电子能量为离散的量子能,如图 2.7 所示。

$$E_n = \frac{(\hbar k_n)^2}{2m_e} \tag{2.13}$$

41

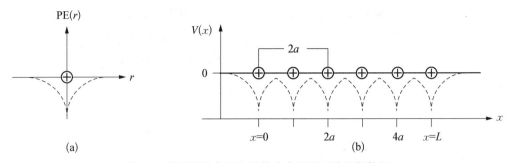

图 2.7 单原子的电子和晶体中电子受到的周期势场

其中 $k_n = \dfrac{n\pi}{L}$，n 为正整数。

势阱中的电子波函数满足薛定谔方程

$$\frac{\mathrm{d}^2\phi}{\mathrm{d}x^2} + \frac{2m_\mathrm{e}}{\hbar^2}\big[E - V(x)\big]\phi = 0 \tag{2.14}$$

在无限深势阱中，电子势能具有周期性

$$V(x) = V(x + ma); \quad m = 1, 2, 3, \cdots \tag{2.15}$$

通过解满足周期性条件的薛定谔方程得到解

$$\psi_k(x) = V_k(x)\exp(\mathrm{j}kx) \tag{2.16}$$

直接带隙半导体是指导带底直接位于价带顶的正上方，电子的跃迁过程中没有动量的变化，如图 2.8 和图 2.9(a) 所示。GaAs 的能带结构如图 2.9(a) 所示，其导带底直接位于价带顶之上，这样的材料称为直接带隙半导体。此时导带底的电子可以直接与价带顶的空穴复合，复合过程遵循能量守恒和动量守恒定律。

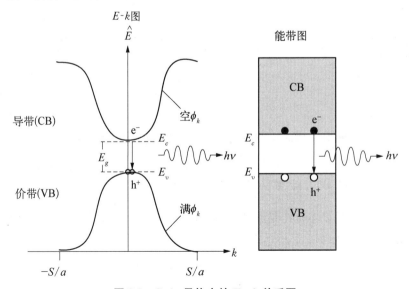

图 2.8 GaAs 晶体中的 E-k 关系图

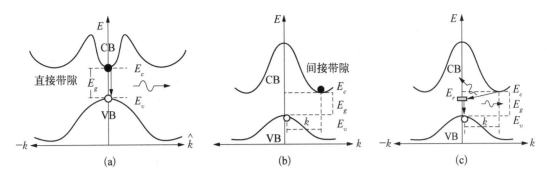

图 2.9　间接带隙半导体 Si 和具有复合中心的 Si 的光子发射过程

(a) 直接带隙半导体(GaAs)　(b) 间接带隙半导体 Si　(c) 具有复合中心的 Si

　　Si 的能带结构如图 2.9(b)所示,Si 的导带底并非直接位于价带顶之上而是在波矢(k)轴上有一个位移,这样的材料称为间接带隙半导体。此时导带底的电子不能直接与价带顶的空穴复合,因为电子的动量必须从 k_{cb} 变为 k_{vb},而这种变化仅通过光子的释放或吸收是无法完成的,它不遵循动量守恒定律。

　　作为间接带隙半导体,电子和空穴的复合必须借助材料中的复合中心来完成。通常这些复合中心是一些晶格缺陷或者杂质。首先位于导带底的电子被缺陷俘获,动量和能量都发生变化,部分能量转化成晶格的振动而损失。缺陷中心俘获的电子通过声子的辅助可以直接跃迁到价带顶与空穴复合。通常该过程会伴随多个声子的释放来实现电子动量的变化。

2.2　pn 结特性

2.2.1　开路

　　如果将 p 型和 n 型硅半导体放在一起,在 p 型硅和 n 型硅的接触位置会出现电子和空隙的浓度梯度。n 侧的电子会由于浓度梯度而扩散到 p 侧与空穴复合,而 p 侧的空穴也会扩散到 n 侧与电子复合。随着复合的进行,接触面处的电子和空穴逐渐被耗尽而形成耗尽区(或空间电荷区或有源区)。在耗尽区,不能移动的施主和受主离子形成内建电场,电场方向与扩散方向相反,阻止电子和空穴的进一步扩散。当扩散速率与内建电场作用下的漂移速率达到平衡时,半导体达到稳定状态(参见图 2.10 和 2.11)。耗尽区宽度分别为 W_p 和 W_e,离子浓度为 N_a 和 N_d,根据耗尽区的电中性原则可以得到

$$N_a W_p = N_d W_n \tag{2.17}$$

　　由泊松关系式,我们可以得到耗尽区电场的大小如公式(2.18)所示。

$$E_0 = -\frac{e N_d W_n}{\varepsilon} = -\frac{e N_a W_p}{\varepsilon} \tag{2.18}$$

其中 e 是电子电量,N_d,N_a 分别是 n 区和 p 区掺杂浓度,W_n,W_p 分别是耗尽区带正电荷和负电荷的区域宽度。因此,电势大小为

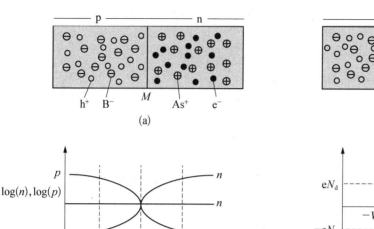

图 2.10　pn 结和空间电荷区的电荷分布示意图

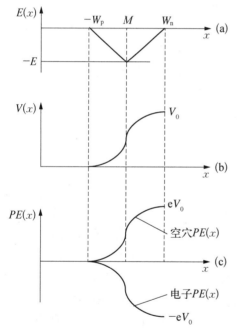

图 2.11　pn 结的内建电场、电势和势能分布示意图

$$V_0 = -\frac{1}{2}E_0 W_0 = \frac{eN_a N_d W_0^2}{2\varepsilon(N_a + N_d)} \quad (2.19)$$

根据 Boltzman 分布，载流子浓度与电势能满足

$$\frac{n_2}{n_1} = \exp\left[\frac{-(E_2 - E_1)}{k_B T}\right] \quad (2.20)$$

其中 k_B 为 Boltzman 常数，T 为绝对温度。我们将其应用于半导体中的载流子可得

$$\frac{n_{p0}}{n_{n0}} = \exp(-eV_0/k_B T) \quad (2.21)$$

$$\frac{p_{n0}}{p_{p0}} = \exp(-eV_0/k_B T) \quad (2.22)$$

其中，n_{n0}，n_{p0} 分别为中性区 n 区和 p 区电子浓度，p_{n0}，p_{p0} 分别为中性区 n 区和 p 区空穴浓度。由上述关系式我们可以推导损耗区内建电势差 V_0 大小为

$$V_0 = \frac{k_B T}{e}\ln\left(\frac{N_a N_d}{n_i^2}\right) \quad (2.23)$$

上式表明，内建电压与施主和受主半导体的掺杂浓度、本征载流子的浓度和绝对温度有关。

上面我们分析了内建电压与掺杂浓度的关系，下面我们推导内建电场强度随损耗区位

44

置 x 变化的关系。

根据电场强度和电势的定义和性质,我们可以得到

$$\nabla \cdot E = \frac{\rho}{\varepsilon}, \ E = -\nabla V \tag{2.24}$$

$$\frac{\mathrm{d}^2 V}{\mathrm{d}x^2} = \frac{e N_a}{\varepsilon} \quad (-W_p \leqslant x \leqslant 0) \tag{2.25}$$

$$\frac{\mathrm{d}^2 V}{\mathrm{d}x^2} = \frac{e N_d}{\varepsilon} \quad (0 \leqslant x \leqslant W_n) \tag{2.26}$$

$V, \dfrac{\mathrm{d}V}{\mathrm{d}x}$ 在 $X=0$ 处是连续的。

对(2.25)和(2.26)式进行积分得到在损耗区两边电势随 x 的变化

$$E = -\frac{\mathrm{d}V}{\mathrm{d}x} = 0 \quad (x = -W_p, \ x = W_n) \tag{2.27}$$

$$V = \frac{e N_a (x^2 + 2W_p x)}{\varepsilon}, \ (-W_p \leqslant x \leqslant 0) \tag{2.28}$$

$$V = \frac{e N_d (x^2 - 2W_n x)}{\varepsilon}, \ (0 \leqslant x \leqslant W_n) \tag{2.29}$$

设损耗区中 n,p 侧的电势差分别为 V_d, V_a,在损耗区两边的电势差则为

$$V(W_n) - V(-W_p) = V_d + V_a \tag{2.30}$$

从(2.18)式可知

$$W_p N_a = W_n N_d \tag{2.31}$$

$$V_d + V_a = \frac{e}{2\varepsilon}(N_a W_p^2 + N_d W_n^2) \tag{2.32}$$

从(2.31)和(2.32)式可得

$$W_p = \left(\frac{2\varepsilon}{e}\right)^{1/2} (V_d + V_a)^{1/2} \left(\frac{N_d}{N_d + N_a}\right)^{1/2} \tag{2.33}$$

$$W_n = \left(\frac{2\varepsilon}{e}\right)^{1/2} (V_d + V_a)^{1/2} \left(\frac{N_a}{N_d + N_a}\right)^{1/2} \tag{2.34}$$

根据(2.28)和(2.29)式分别求导得到

$$E = -\frac{e N_a}{\varepsilon}(x + W_p) \quad (-W_p \leqslant x \leqslant 0) \tag{2.35}$$

$$E = \frac{eN_d}{\varepsilon}(W_n - x) \quad (0 \leqslant x \leqslant W_n) \tag{2.36}$$

最后我们得到最大的电场发生在 $x=0$ 处,且为

$$E_{max} = -2\left(\frac{e}{2\varepsilon}\right)^{1/2}(V_d + V_a)^{1/2}\left(\frac{N_d N_a}{N_d + N_a}\right)^{1/2} = \frac{2(V_d + V_a)}{W_p + W_n} \tag{2.37}$$

式(2.37)表明,最大的电场只与掺杂浓度有关,电场强度和电势随 x 的变化见图 2.10 和图 2.11 所示。

2.2.2 正向偏置

如图 2.12 所示,p 区接正极,n 区接负极,这样的方式外加电压,称为正向偏置。正向偏置时,内建电场被削弱,耗尽层宽度减小,载流子浓度上升。

$$p_n(0) = p_{p0} \exp\left[\frac{-e(V_0 - V)}{k_B T}\right] \tag{2.38}$$

$$p_n(0) = p_{n0} \exp\left(\frac{eV}{k_B T}\right) \tag{2.39}$$

$$n_p(0) = n_{p0} \exp\left(\frac{eV}{k_B T}\right) \tag{2.40}$$

在 n 区离耗尽区边界 x 处的空穴浓度 $p_n(x)$ 与 n 区少数载流子的空穴浓度 p_{n0} 的浓度差为

$$\Delta p_n(x) = p_n(x) - p_{n0} \tag{2.41}$$

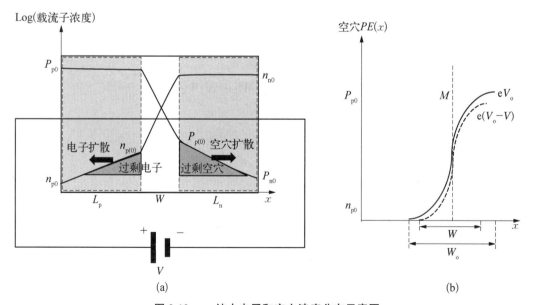

图 2.12 pn 结中电子和空穴浓度分布示意图

该浓度差与 $\Delta p_n(0)$ 的关系为

$$\Delta p_n(x) = \Delta p_n(0)\exp(-x/L_h) \tag{2.42}$$

其中 L_h 为空穴的平均扩散长度 $L_h = \sqrt{D_h \tau_h}$，τ_h 为扩散时间，定义为扩散后浓度高低两端浓度差为扩散开始时初始浓度差的 $1/e$ 所需要的时间。

由扩散引起的电流密度与空穴扩散系数 D_h 和浓度梯度 $dp_n(x)/dx$ 成正比。

$$J_{D,\,hole} = -eD_h \frac{dp_n(x)}{dx} = -eD_h \frac{d\Delta p_n(x)}{dx} \tag{2.43}$$

将 (2.42) 带入 (2.43) 式得到

$$J_{D,\,hole} = \frac{eD_h}{L_h}\Delta p_n(0)\exp\left(-\frac{x}{L_h}\right) \tag{2.44}$$

由质量作用定律得到由少数载流子的扩散运动形成电流，其中空穴部分可表示为

$$J_{D,\,hole} = \left(\frac{eD_h n_i^2}{L_h N_d}\right)\left[\exp\left(\frac{eV}{k_B T}\right) - 1\right] \tag{2.45}$$

由电子扩散运动所形成的电流也可以用类似的方式表达。所以，pn 结的正向偏置电总流可表示为

$$J = \left(\frac{eD_h}{L_h N_d} + \frac{eD_e}{L_e N_a}\right)n_i^2\left[\exp\left(\frac{eV}{k_B T}\right) - 1\right] \tag{2.46}$$

式 (2.46) 方括号前的各项只与半导体的材料有关，与偏置电压无关，我们将记为 J_{so}，则总电流可表示如下。

$$J = J_{so}\left[\exp\left(\frac{eV}{k_B T}\right) - 1\right] \tag{2.47}$$

图 2.12 和图 2.13 表示不同载流子电流随位置的分布情况，J_{hole} 与 J_{elec} 呈互补的关系，故两者相加形成的总电流保持不变。

在前面的推导中，我们假设耗尽层不存在复合作用。如果我们进一步考虑耗尽层内载流子的复合，我们需要进一步考虑图 2.14 中耗尽区的电子和空穴数量。其电子和空穴数量与图形 ABC 和 BDC 的面积成正比。在耗尽区中 p 区电子和空穴复合的时间为 τ_e，n 区空穴和电子复合的时间为 τ_h，因此复合电流为

$$J_{recom} = \frac{eABC}{\tau_e} + \frac{eBCD}{\tau_h} \tag{2.48}$$

两个图形的面积近似为两个三角形的面积

$$J_{recom} \approx \frac{e\frac{1}{2}W_p N_M}{\tau_e} + \frac{\frac{1}{2}W_n P_M}{\tau_h} \tag{2.49}$$

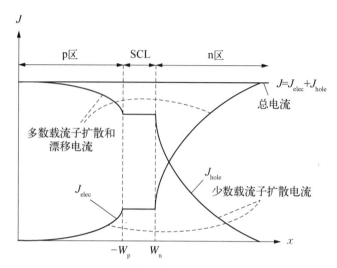

图 2.13　正向偏置情况下电流组成示意图

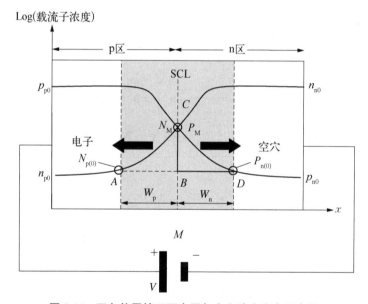

图 2.14　正向偏置情况下电子与空穴浓度分布示意图

其中 N_M，P_M 为损耗区 C 点的电子空穴浓度，其中空穴浓度为

$$P_M/P_{p0} = \exp\left[\frac{-e(V_0 - V)}{k_B T}\right] \tag{2.50}$$

根据质量作用定律得到

$$P_M = n_i \exp\left(\frac{eV}{2k_B T}\right) \tag{2.51}$$

因此复合电流为(详细推导见附录 2)

$$J_{\text{recom}} = \frac{en_i}{2}\left[\frac{W_p}{\tau_e} + \frac{W_n}{\tau_h}\right]\left[\exp\left(\frac{eV}{2k_B T}\right) - 1\right] \tag{2.52}$$

而对于扩散或复合占主导地位的总电流的表达式我们只需加入修正因子 η,并使其取 1—2 中间的值即可。

$$I = I_0\left[\exp\left(\frac{eV}{\eta k_B T}\right) - 1\right] \tag{2.53}$$

2.2.3　反向偏置

如图 2.15 和图 2.16 所示,p 区接负极,n 区接正极,这样的方式外加电压,称为反向偏置。反向偏置时,内建电场被加强,耗尽层宽度增加。

对于外加反向电压,在数学上的处理与上面的方式相同,只需将其中的偏置电压改为负号即可。

因热起伏所产生的载流子浓度 n_i,则电流为:

$$J_{\text{gen}} = \frac{eWn_i}{\tau_g} \tag{2.54}$$

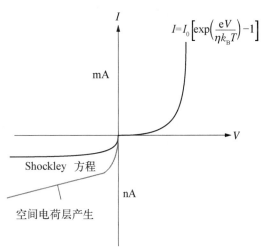

图 2.15　pn 结正向偏置与反向偏置的 V-I 图[6]

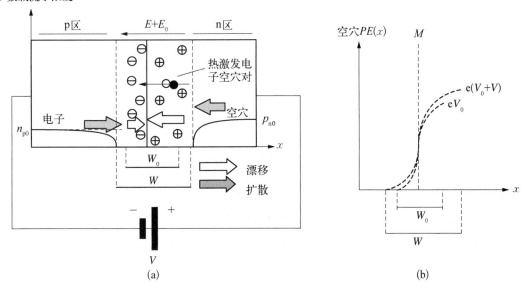

图 2.16　pn 结反向偏置电子和空穴浓度分布示意图

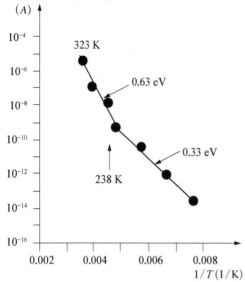

图 2.17　反向偏置电流随温度变化关系图
资料来源[6]

其中 τ_g 为耗尽区载流子的平均寿命。反向饱和电流为电子和空穴所产生的电流之和

$$J_{\text{rev}} = \left(\frac{eD_h}{L_h N_d} + \frac{eD_e}{L_e N_a} \right) n_i^2 + \frac{eW n_i}{\tau_g} \tag{2.55}$$

如图 2.15 和图 2.16 所示，在反向区部分考虑了空间电荷区复合作用后，反向电流不再趋于饱和状态。图 2.17 表示的是在外加反向偏置电压下，反向偏置电流与温度倒数的关系。

2.2.4　损耗层电容

对于 pn 结而言，在其两端聚集了大量电荷而耗尽层内无自由电荷，非常类似普通平板电容，所以我们可以计算半导体的电容

$$J_{\text{rev}} = \left(\frac{eD_h}{L_h N_d} + \frac{eD_e}{L_e N_a} \right) n_i^2 + \frac{eW n_i}{\tau_g} \tag{2.56}$$

电容板之间的距离 W 即为耗尽区的宽度

$$W = \left[\frac{2\varepsilon (N_a + N_d)(V_0 - V)}{e N_a N_d} \right]^{1/2} \tag{2.57}$$

总的电荷数为

$$Q = e N_d W_n A = e N_a W_p A \tag{2.58}$$

因此等效电容大小为

$$C_{\text{dep}} = \frac{\varepsilon A}{W} = \frac{A}{(V_0 - V)^{1/2}} \left[\frac{e\varepsilon (N_a N_d)}{2(N_a + N_d)} \right]^{1/2} \tag{2.59}$$

式中 A 为 pn 结横截面积。

2.2.5　复合寿命

我们将 p 区载流子浓度表示为本征浓度与过剩载流子浓度之和

$$p_p = p_{p0} + \Delta p_p \tag{2.60}$$

$$n_p = n_{p0} + \Delta n_p \tag{2.61}$$

而复合速率与空穴以及电子浓度的乘积成正比，故其载流子浓度变化率如下。

$$\frac{\partial \Delta n_p}{\partial t} = -B n_p p_p + G_{\text{thermal}} \tag{2.62}$$

我们知道在热平衡状态下，$G_{\text{thermal}} = B n_{\text{p0}} p_{\text{p0}}$，故有

$$\frac{\partial \Delta n_{\text{p}}}{\partial t} = -B(n_{\text{p}} p_{\text{p}} - n_{\text{p0}} p_{\text{p0}}) \tag{2.63}$$

$$\frac{\partial \Delta n_{\text{p}}}{\partial t} = -\frac{\Delta n_{\text{p}}}{\tau_{\text{e}}} \tag{2.64}$$

忽略高阶小量后可以得到

$$\frac{\partial \Delta n_{\text{p}}}{\partial t} = -B N_a \Delta n_{\text{p}} \tag{2.65}$$

而 $\tau_{\text{e}} = 1/(B N_a)$。因此，复合速率与过剩载流子之间的关系可以表示为

$$\frac{\partial \Delta n_{\text{p}}}{\partial t} = B \Delta n_{\text{p}} \Delta p_{\text{p}} = B(\Delta n_{\text{p}})^2 \tag{2.66}$$

此式表明复合速率与少数载流子浓度的平方成正比。在弱注入和强注入的情况下，复合速率不同。在高速调制器中需要强注入，因此复合速度较慢，引起调制速率具有上限。

习　题

1. 考虑一个 GaAsP 二极管在 p 区和 n 区掺杂浓度分别为 N_a，N_d，横截面积为 A，电子和空穴的漂移速率分别为 μ_{e}，μ_{n}。当二极管的正向偏置电压为 V 时，发光量子效率为 η。试推导 300 K 时在中性区因扩散形成的二极管电流。

2. 考虑 InP 的 pn 结二极管具有下列特性：$N_a = 10^{15}$ cm^{-3}（p 区），$N_d = 10^{17}$ cm^{-3}（n 区），$B \approx 4 \times 10^{-16}$ m$^3 \cdot$ s^{-1}，截面 $A = 1$ mm$\times 1$ mm，当二极管的正向偏置电压分别为 0.70，0.90 V，在 300 K 时在中性区的扩散和复合所形成的二极管电流是多少？假设在 p 区电子的漂移率为 6 000 cm$^2 \cdot$ s^{-1}，而空穴在 n 区的漂移率为~100 cm$^2 \cdot$ s^{-1}。

3. 考虑一个 pn 结二极管，其在 p 区的受主掺杂浓度 $N_a = 10^{18}$ cm^{-3}，二极管的正向偏置电压为 0.6 V，二极管横截面积为 1 mm^2，少数载流子复合时间 τ 取决于总掺杂浓度 N_{dopant}（cm^{-3}）并符合下列经验公式

$$\tau \approx (5 \times 10^7)/(1 + 2 \times 10^{-17} N_{\text{dopant}}),$$

其中 τ 的单位为 s。

（1）如 $N_d = 10^{15}$ cm^{-3}，损耗层扩展到 n 区，我们不得不考虑少数载流子在该区的复合时间 τ_{n}，计算扩散和复合对总二极管电流的贡献。若 $N_a = 10^{18}$ cm^{-3}，$N_d = 10^{15}$ cm^{-3}，μ_{e}，μ_{n} 如下表。

（2）若 $N_d = N_a$，ω 均等地扩展到两区，且 $\tau_{\text{e}} = \tau_{\text{n}}$，计算总二极管电流中扩散和复合的贡献，$N_a = 10^{18}$ cm^{-3}，$N_d = 10^{18}$ cm^{-3}，μ_{e}，μ_{n} 见表 2.1。

表 2.1　μ_e 和 μ_n 对浓度的依赖性

浓　　度	0	10^{14}		10^{15}	10^{16}	10^{17}	10^{18}
GaAs, μ_e	500			8 000	7 000	5 000	2 400
GaAs, μ_n	400			380	310	250	160
Si, μ_e	1 450	1 420		1 370	1 200	730	280
Si, μ_n	490	485		478	444	328	157

第3章 激光原理基础

3.1 受激辐射和自发辐射

图 3.1 为两能级结构。如图 3.1(a)所示,原子中处于较低能态的电子可以通过吸收光子,从基态跃迁到激发态。吸收光子的能量为两能态的能级差 $h\nu = E_2 - E_1$。由波尔兹曼定律可知,处于高能级的电子不稳定,会向低能级跃迁。其中,辐射跃迁是通过自发辐射和受激辐射两种形式完成的。

自发辐射指的是在没有外界激励源的情况下,处于激发态的原子从激发态跃迁回基态,释放光子的过程,如图 3.1(b)所示。释放的光子的初始相位和传播方向都是随机的。受激辐射是指处于激发态的原子在外界激励源的作用下,从激发态跃迁回基态,并释放一个与激发光同频率、同相位、同偏振、同传播方向的光子。在这个过程中,两个激发光子入射后获得了四个同频率、同相位、同偏振的光子,实现了放大。其原理如下图所示如图 3.1(c)所示。

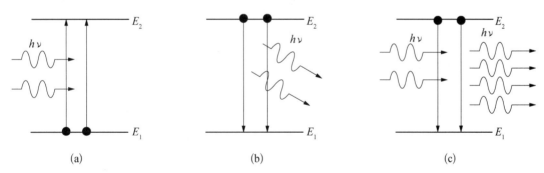

图 3.1 两能级系统的吸收和自发辐射与受激辐射过程示意图

(a) 吸收 (b) 自发发射 (c) 受激发射

当需要将入射的光子进行倍增放大时,必须考虑如何才能实现大多数的原子均处于激发态的问题,这样才能保证持续的放大效应。当处于激发态的原子数多于处于基态的原子数时,我们称为布居数反转。

我们考虑一个简单的三能级系统,来具体说明受激辐射放大的实现过程。如图 3.2(a)所示,在外部的泵浦光源作用下,处于基态的原子被激励到激发态。由于能级 E_2 与 E_3 之间相隔较近,相比 E_3 能级,E_2 更为稳定,这里 E_3 称为激发态,E_2 为亚稳态。处于较高态的电子会无辐射跃迁到较低能态,因此大量原子处于亚稳态。处于激发态的原子自发辐射的光子可以看作是新的激发源,继续将临近处于基态的电子激发到亚稳态。随着泵浦的不断激励,最终处于亚稳态的原子数将会超过处于基态的原子数,这样就实现了亚稳态与基态的布居数反转。若此时能量为 $E_2 - E_1$ 的信号光入射到该系统,则处于亚稳态的电子就会因受激辐射回到基态,同时释放与入射光同频率、同相位的光子。这种通过受激放大得到的光源就称为激光(light amplification by stimulated emission of radiation)。

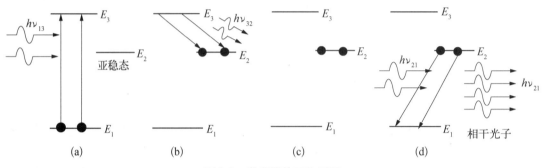

图 3.2　激光器的工作原理

在能级系统中,向上跃迁的速率与低能级粒子的数目和入射光子能量密度有关,可以表示为

$$R_{12} = B_{12} N_1 \rho(h\nu) \tag{3.1}$$

其中 B_{12} 为爱因斯坦系数,$\rho(h\nu)$ 为光子能量密度。

向下跃迁速率为自发辐射速率和受激辐射速率之和

$$R_{21} = A_{21} N_2 + B_{21} N_2 \rho(h\nu) \tag{3.2}$$

A_{21} 为自发辐射系数,当达到稳定后

$$R_{12} = R_{21} \tag{3.3}$$

由波尔兹曼分布可知

$$\frac{N_2}{N_1} = \exp\left[-\frac{(E_2 - E_1)}{k_B T}\right] \tag{3.4}$$

热平衡下,辐射光子的能量密度为

$$\rho_{eq}(h\nu) = \frac{8\pi h\nu^3}{c^3\left[\exp\left(\dfrac{h\nu}{k_B T}\right) - 1\right]} \tag{3.5}$$

由上述方程可以得到

$$B_{12} = B_{21}, \ A_{21}/B_{21} = 8\pi h\nu^3/c^3 \tag{3.6}$$

受激辐射速率和自发辐射速率的比值为

$$\frac{R_{21,\,st}}{R_{21,\,sp}} = \frac{B_{21}N_2\rho(h\nu)}{A_{21}N_2} = \frac{B_{21}\rho(h\nu)}{A_{21}} \tag{3.7}$$

上式也可以化为

$$\frac{R_{21,\,st}}{R_{21,\,sp}} = \frac{c^3}{8\pi h\nu^3}\rho(h\nu) \tag{3.8}$$

受激辐射与吸收速率之比为

$$\frac{R_{21,\,st}}{R_{21,\,ab}} = \frac{N_2}{N_1} \tag{3.9}$$

由上式可知,若要实现受激辐射超过光子吸收,实现激光放大,必须要实现 $N_2 > N_1$,而这种状态在热平衡的条件下是不可能实现的。因此,激光的产生必须是在非平衡条件下,即在激励源的作用下完成的。

3.2 激光器振荡条件

3.2.1 光学增益系数

如图 3-3 所示,假设激光器的腔长为 L,激光功率为 P,激光器的增益系数 g 定义为单位长度内光功率增加的比率。信号光功率与相干光子数成正比,因此,增益系数为

$$g = \frac{\mathrm{d}p}{p\,\mathrm{d}x} = \frac{\mathrm{d}N_{ph}}{N_{ph}\,\mathrm{d}x} = \frac{n\,\mathrm{d}N_{ph}}{cN_{ph}\,\mathrm{d}t} \tag{3.10}$$

受激辐射速率和吸收速率之差为相干光子的净增量,即

$$\frac{\mathrm{d}N_{ph}}{\mathrm{d}t} = N_2 B_{21}\rho(h\nu) - N_1 B_{21}\rho(h\nu) = (N_2 - N_1)B_{21}\rho(h\nu) \tag{3.11}$$

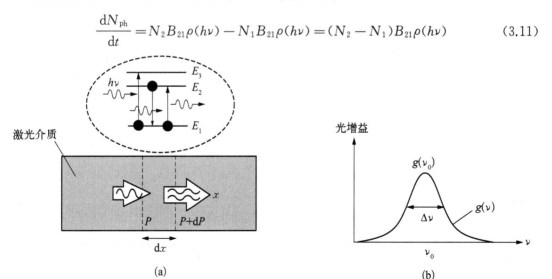

(a)

(b)

图 3.3 激光器工作原理示意图

由于多普勒频移和能级展宽效应,光吸收和发射具有一定的频谱宽度,因此增益系数是具有一定频谱宽度的函数 $g(\nu)$。

由定义可知,相干光子能量密度为

$$\rho(h\nu_0) \approx \frac{N_{ph}h\nu_0}{\Delta\nu} \tag{3.12}$$

将(3.11)(3.12)代入(3.10)可得光增益系数为

$$g(\nu_0) \approx (N_2 - N_1)\frac{B_{21}nh\nu_0}{c\Delta\nu} \tag{3.13}$$

3.2.2 阈值增益

如图 3.4 所示,对于平面型谐振腔,入射光在谐振腔中不断发生受激辐射放大,同时,由于损耗的存在和受激辐射的减弱,发射光增益逐渐减小,当发射光在谐振腔中往返所获的能量刚好抵消传输中的损耗和激光输出端透射损耗时,谐振腔中的光强不再变化。此时,增益满足

$$G_{0p} = P_f/P_i = 1 \tag{3.14}$$

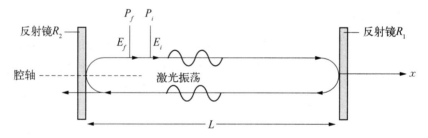

图 3.4 光学谐振腔结构图

假设两个界面处的反射率分别为 R_1 和 R_2,振腔的长度为 L,衰减系数为 γ,经过一个往返周期后光功率的变化

$$P_f = P_i R_1 R_2 \exp[g(2L)]\exp[-\gamma(2L)] \tag{3.15}$$

达到平衡后,$P_f/P_i = 1$

$$g_{th} = \gamma + \frac{1}{L}\ln\left(\frac{1}{R_1 R_2}\right) \tag{3.16}$$

由(3.13)式可以得到

$$(N_2 - N_1)_{th} \approx g_{th}\frac{c\Delta\nu}{B_{21}nh\nu_0} \tag{3.17}$$

因此,谐振腔中介质的初始增益必须大于 g_{th},随着发射光在谐振腔中不断放大,当到达稳定状态后 $g = g_{th}$。

激光器的泵浦功率与激光器的正常工作密切相关。当泵浦功率小于阈值门限时,激光

器输出功率为零,而布居数反转随着泵浦功率线性增加。当超过阈值门限时,布居数反转达到门限值而保持不变,输出功率随着泵浦功率线性增加,由于较大的泵浦功率增大了受激辐射速率,进而增强了输出功率。泵浦功率与粒子数和输出功率的关系如图 3.5 所示。

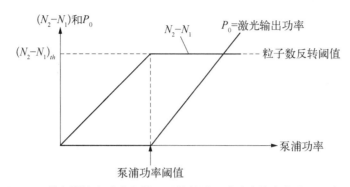

图 3.5　激光器输出功率和粒子反转数随泵浦功率的变化关系示意图

3.2.3　相位条件和激光模

在激光腔中并不是所有波长都能形成激光输出,能形成稳定激光输出的波长必须满足一定的相位条件。对于平面型腔,谐振时激光器中的相位必须满足

$$\Delta\phi_{\text{round-trip}} = m \cdot 2\pi \tag{3.18}$$

对于折射率为 n 的谐振腔

$$nk_m \cdot 2L = m \cdot 2\pi \tag{3.19}$$

$$m \cdot \frac{\lambda_m}{2n} = L \tag{3.20}$$

满足上述条件的波长或频率的激光在腔中形成驻波。

图 3.6 为不同模式下,谐振腔中的场强分布状况。

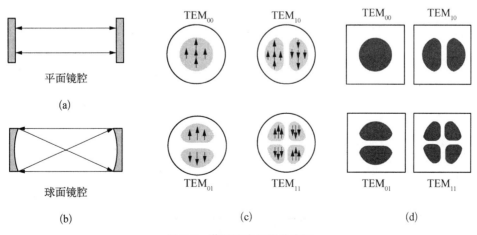

图 3.6　谐振腔中场强分布图

激光的模式通常用 TEM_{lm} 来表示,其中 TEM 代表横向电磁模,l 代表光场截面 x 方向上电场或磁场最大值点的个数除以 2,m 代表光场截面 y 方向上电场或磁场最大点的个数除以 2,如果除以 2 后小于 1,则为零。

习 题

1. 考虑一个三能级激光系统如图 3.7 所示。假设 E_3 到 E_2 的跃迁很快,自发衰减 E_2 到 E_1 是 τ_{sp},试推导发生粒子数 $(N_2 > N_1)$ 反转时所需的泵浦功率。当考虑增量介质长度为 60 mm,直径为 6 mm,掺杂为 $2 \times 10^{20} / m^3$,自发发射衰减时间为 3 ms,使用上述推导的公式,计算所需的泵浦功率。

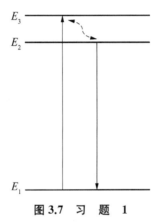

图 3.7 习 题 1

2. 考虑一个磷酸盐玻璃棒折射率 $n = 1.50$,掺杂浓度为 3×10^{20} ion cm^{-3},玻璃棒长为 10 cm,直径为 1 cm,我们能用四能级系统代表 Na^{3+} dopant 激发器的运行机制。激射从 E_2 到 E_1 的波长是 1 054 nm,泵浦波长 808 nm,激发电子从 E_0 到 E_3,E_1,在 E_0 上方约 0.26 eV,输出线宽 $\Delta\lambda = 28$ nm,E_2 到 E_1 发射截面 3×10^{-20} cm^2,自发发射寿命 300 μs。问:

(1) 计算最大增益系数是多少?

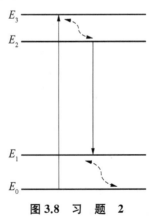

图 3.8 习 题 2

（2）输入能量损失百分比是多少？

（3）光谱线宽是多少？（光子能量）

3. 一个光学谐振腔长度是 200 μm，发射波长是 1 550 nm，InGaAsP 折射率是 3.7，能量损耗 α_s 是 25 cm^{-1}，光学增益带宽（半高宽）（二极泵浦电流（二极管电流））是 3 nm，问：

（1）峰值发射的模数 m 是多少？

（2）模式间距是多少？

（3）有多少模数？

（4）在 InGaAsP 晶体的光腔面的反射率是多少？

4. 现有一宽谱非相干光源，其发射波长范围为 400～900 nm，其峰值波长为 650 nm，现有一对反射镜，其反射率分别为 R_1，R_2。

（1）如果要分别形成 红光、绿光和蓝光输出，试设计谐振腔长度和反射镜的反射率，使其产生激光输出的阈值功率最低。

（2）如果要同时形成 红光、绿光和蓝光输出，试设计谐振腔长度和反射镜的反射率，使其产生激光输出的阈值功率最低。

II

器件和系统篇

第4章 发光二极管

4.1 原理

我们在第二章中讲解了 pn 结在开路、正向偏置和反向偏置情况下的基本性质以及二极管方程的推导。本章是第二章的应用。如图 4.1(a)所示,当没有偏置电压时,在 n 区的电子和 p 区的空穴分别向 p 区和 n 区扩散,在 n 区和 p 区的交界面电子和空穴复合,分别留下不能移动的正电荷离子和负电荷离子,形成内建电场。由于内建电场的作用,在 n 区的电子和 p 区的扩散不能继续进行,因此不能越过耗尽层。

如图 4.1(b)所示,在正向偏置情况下发光二极管,正向偏置电压与内建电压方向相反,削弱了耗尽层的电场,耗尽层变薄。此时,电子继续从 n 区扩散到 p 区,空穴继续从 p 区扩散到 n 区。当电子和空穴在耗尽层相遇时,发生复合而发光。同时,当载流子越过耗尽层注入另一半区域后,使该区域同时存在过剩的电子与空穴,两者也会自然地复合发光。由于电子空穴在耗尽层和两区的复合过程属于自发辐射,故其出射光为多波长光谱。

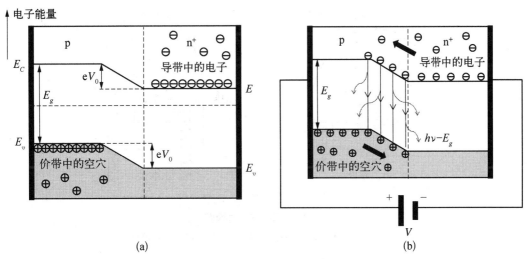

(a)   (b)

图 4.1 LED 工作原理示意图

4.2 器件结构

图 4.2 所示为两种典型的面发光 LED 结构。主要的制作方法为在衬底上外延生长 pn 结。而电极部分的设计思想为尽量减小电极与半导体的接触面积。这样设计的优点一方面可以增大出射光面积,另一方面可以减小接触电阻,从而在整体上提升 LED 效率。

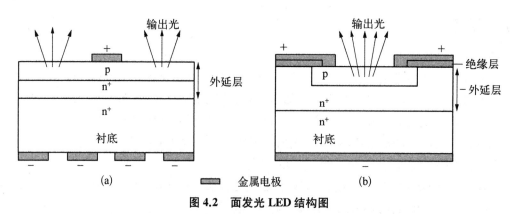

图 4.2 面发光 LED 结构图

如图 4.3 所示,不同材料界面上的光反射也是影响 LED 发光效率的重要因素,所以在实际器件中我们通常采用增透穹顶来提高 LED 灯管的发射效率。图 4.3 为一种更加实用经济的 LED 灯型,穹顶配合外接线型电极既增大了透射同时也减少了界面的反射。

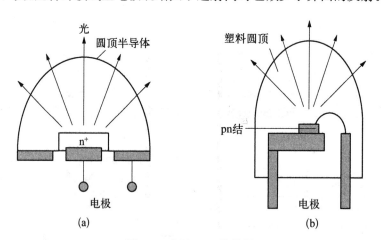

图 4.3 实际 LED 结构图

（a）圆顶半导体 LED 结构示意图　（b）塑料圆顶 LED 结构示意图

4.3　异质结高强度 LED

　　普通 LED 在工作时需要较高的工作电流,这不仅影响了器件运行的稳定性,而且成为了限制发光效率提高的主要因素。一种比较成熟且行之有效的方法是引入异质结结构。异质结结构是指 pn 结所用的本征材料不同,两端通过不同掺杂形成 pn 结。如果在此 pn 结的左边或右边再增加一个与相邻的半导体材料不同的本征半导体材料则形成双异质结结构。如图 4.4 所示,组成 pn 结的本征材料分别为 GaAs 和 AlGaAs,通过不同掺杂形成 p 型和 n 型半导体,因此形成了异质结结构。在此 pn 结的右边再加一个 p 结(掺三价元素的 AlGaAs),但材料与其左边的 p 结(掺三价元素的 GaAs)不同,形成双异质结结构。由于在交界面处存在势垒,过剩的载流子不能轻易地通过扩散运动穿过 pn 结到达电极,故会在一定程度上限制载流子的运动,从而在耗尽层(空间电荷区)形成较高的电子和空穴浓度。该结构的好处就在于减小工作电流的同时,可以大大增加发光几率,从而实现高效稳定的 LED 发光。

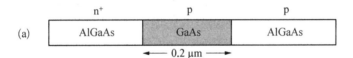

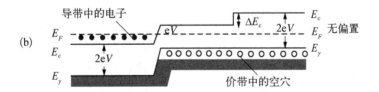

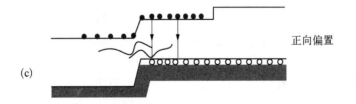

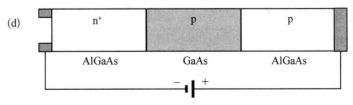

图 4.4　异质结高强度 LED

4.4 发光二极管材料

本征半导体材料除了硅以外,还有二元系统 GaAs,GaP,SiC 等和三元系统磷砷化镓(GaAsP),掺氮磷化镓(GaP),掺铝碳化硅(SiC)等。图 4.5 是磷砷化镓(GaAsP),掺氮磷化镓(GaP),掺铝碳化硅(SiC)。从 GaAsP 经 GaP,到 SiC 半导体材料,带隙宽度逐渐升高。其中掺氮原子的 GaP 可以用于 n 型半导体,掺铝碳化硅(SiC)可用于 p 型半导体。

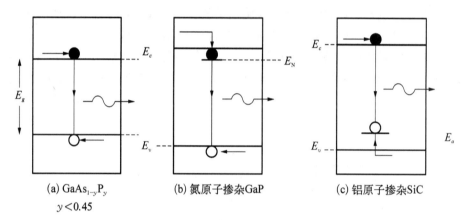

(a) GaAs$_{1-y}$P$_y$
$y<0.45$

(b) 氮原子掺杂GaP

(c) 铝原子掺杂SiC

图 4.5　不同三元系统材料 LED 发光原理

除了三元系统以外,还有四元系统。对于四族半导体材料,其禁带宽度固定,故所发射的光谱基本上为单色谱。而为了实现符合人眼视觉特征的发光,我们需要可调控的禁带宽度。一种现在普遍采用的方法是四元合金材料,通过控制其不同成分的比例,我们可以有效地实现发射波长带宽控制。图 4.6 所示为四元合金的成分与带隙宽度的变化图。该图可作为设计 LED 所需波长的参考图,带隙范围为 $0.4\sim2.2$ eV。其中斜线阴影部分为直接带隙半导体,而带点阴影部分为间接带隙半导体。

图 4.7 所示为几种三元合金和四元合金半导体材料的成分与发光波长的关系图。该图也可作为设计 LED 所需波长的参考图,带隙范围为 $0.5\sim1.75$ μm。

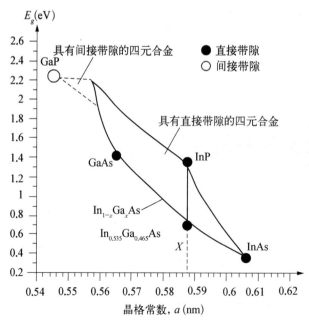

图 4.6　半导体材料成分与带隙关系图[6]

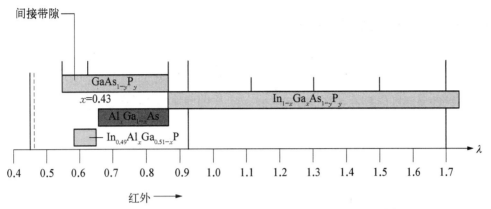

图 4.7 几种三元和四元半导体材料成分与发光波长关系[6]

4.5 LED 特征

对于 LED 的发光效率,可以用外量子效率表示为

$$\eta_{\text{external}} = \frac{P_{\text{out}}(\text{optical})}{IV} \times 100\%$$

其中 I 是二极管电流,V 是正向偏置电压。P_{out} 表示二极管输出耦合进光纤的输出功率。如图 4.8 所示,在绝对温度不为零的情况下,电子在导带上符合一定的统计分布。其在距导带底端 $0.5k_{\text{B}}T$ 处电子浓度最大,故辐射光子的最大概率所对应的能量为 $E_g + k_{\text{B}}T$,光强的半峰值能量宽度约为 $2.5 \sim 3.0 k_{\text{B}}T$。

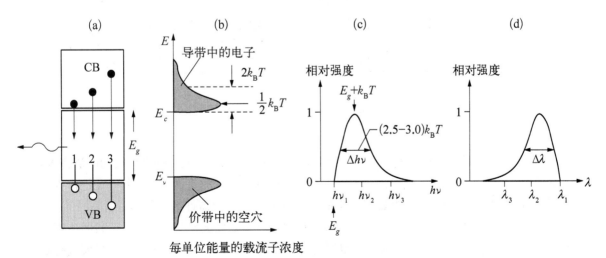

图 4.8 温度对 LED 发射光谱峰值波长和宽度的影响[6]

67

4.6 用于光纤通信的 LED

通信用红色 LED 的各项性能指标如图 4.9 所示。典型的 655 nm LED 的半峰宽约为 24 nm，光强与电流强度约为正比关系，而 LED 工作的阈值电压约为 1.5 V。

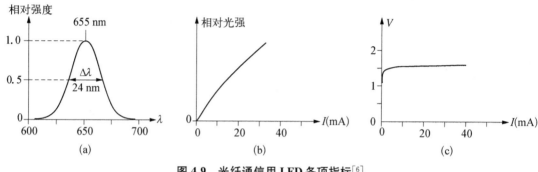

图 4.9 光纤通信用 LED 各项指标[6]

如图 4.10 所示，商用 LED 具有面发光与边发光两种。面发光 LED 由于要穿透半导体进行导光，故结构设计较为复杂，而边缘发光 LED 无此要求，而且光输出端口与电极不在同一平面内也减小了设计难度。

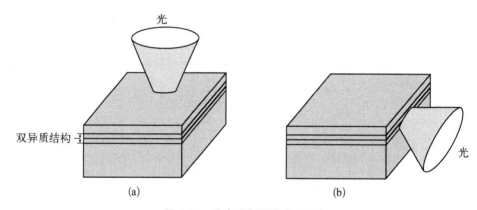

图 4.10 边发光与面发光 LED

（a）面发光 LED （b）边发光 LED

如图 4.11 所示为实用的边发光 LED 结构，正极为条状电极，能够提供较大的电流密度，负极使用背电极，增大泄露光的反射，中间是具有较高折射率的有源层，其作用既是作为工作物质又类似于条形波导，自发辐射产生的光沿着波导传递至器件边缘导出。

图 4.12 所示为 LED 与光纤的各种耦合方式。对于多模光纤，可以使用半圆形透镜将 LED 出射光耦合到多模光纤。而对于单模光纤，可以使用折射率渐变型透镜对光束进行自聚焦，然后将其耦合到光纤中传输。

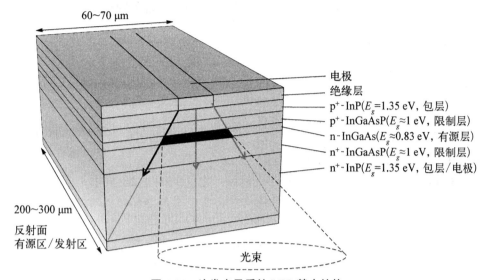

图 4.11 边发光异质结 LED 基本结构

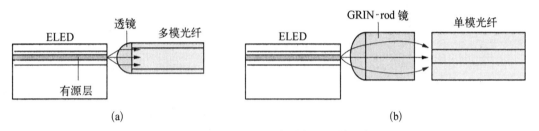

图 4.12 边发光 LED 与光纤之间的耦合

图 4.13 所示为 AlGaAs LED 的光谱,我们可以看到,光强峰值位置随温度升高而向长波移动,这种现象称为红移。峰值强度随温度升高而变小。红移现象是由于随着温度的升

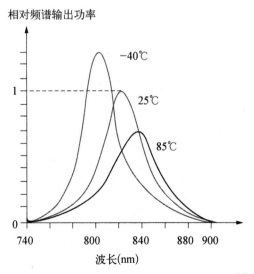

图 4.13 不同温度下 AlGaAs LED 的发射光谱[6]

高 pn 结的带隙减小而导致发光峰值波长向长波移动,而后一现象则是由于电子在导带的能量分布范围变宽而导致峰值强度的降低。

习 题

1. 一个用于光纤局域网的 AlGaAs LED 发射器输出谱如图所示。在 25℃时该发射器的发射峰在 820 nm 处。请完成以下练习。

(1) 在温度−40℃,25℃和 85℃时,半高能量点之间的线宽 $\Delta\lambda$ 分别是多少? 对于给定三个温度,$\Delta\lambda$ 和 T 之间的经验关系式是什么? 将此结果与 $\Delta(h\nu) \approx 2.5k_BT \sim 3k_BT$ 相比较。

(2) 解释发射峰波长随温度升高而红移的物理机制。

(3) 解释峰值高度随温度升高而降低的物理机制。

(4) 计算此 LED 中半导体材料 AlGaAs 的带隙。

(5) 三元化合物 $Al_xGa_{1-x}As$ 的带隙 E_g 满足以下经验公式

$$E_g(eV) = 1.424 + 1.266x + 0.266x^2$$

试确定此 LED 中的 AlGaAs 组成。

(6) 当电流为 40 mA,LED 两端的电压为 1.5 V,通过一透镜耦合进多模光纤的光功率为 25 mW 时,计算总的效率(外部效率)。

2. 分别有一个红光、绿光和蓝光的发光二极管,请完成以下练习。

(1) 确定其材料组成。

(2) 当输出功率分别为 100 mW 时,如果这三种二极管其 p 区和 n 区掺杂浓度都相同,其偏置电压分别为多少?

3. 能否设计一个面发射发光二极管,其输出端发射白光。

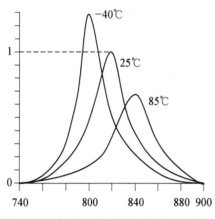

图 4.14 $\Delta\lambda$ 和 T 之间经验关系式(习题 1)

(1) 确定其材料组成。

(2) 当白光输出功率分别为 100 mW 时,其偏置电压分别为多少?

4. 有一个蓝光发光二极管,其中心波长为 450 nm,输出功率 100 mW。现有一个发光材料,蓝光吸收系数为 α/cm,在蓝光激发下其发射中心波长为 580 nm,量子效率为 η。如果将此蓝光二极管垂直入射到该发光材料芯片上,问:

(1) 其输出端全部为黄光时,试确定该芯片的厚度。

(2) 其输出端为完全为白光时,试确定该芯片的厚度。

第5章 气体激光器和半导体激光器

气体激光器如氦氖激光器和二氧化碳激光器在制造工业和加工工业方面具有重要应用。半导体激光器在光通信发射机、光纤激光和放大器泵浦源以及医学成像等领域具有重要应用。本章主要介绍典型的气体激光器－氦氖激光器和典型的半导体激光器如单频激光器、窄线宽激光器、量子阱激光器和垂直腔表面发射激光器等基本原理和特征。

5.1 He－Ne 激光器

氦(He)原子和氖(Ne)原子均属于惰性原子,其核外电子的排布分别为 $1S^2$,$3S^2$,He 原子和 Ne 原子在谐振腔中混合。在外加电压的作用下,He 原子外层电子被激发到较高的激发态($1S^2 \rightarrow 1S^1 2S^1$),由于轨道量子数的变化不满足电子向基态跃迁的条件,处于激发态的氦原子无法自发辐射回到基态而大量聚集。

He－Ne 激光器的工作原理如图 5.1 所示。

$$He + e^- \rightarrow He^* + e^-$$

$$He^* + Ne \rightarrow He + Ne^*$$

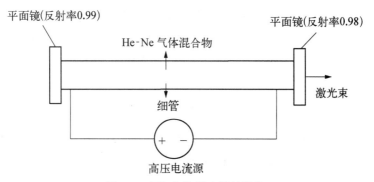

图 5.1 氦氖气体激光器的结构

当激发态的氦原子与氖原子在谐振腔中碰撞时,氦原子将能量传递给氖原子而回到基态。随着碰撞的不断发生,大量的氖原子处于较高的激发态,于是在 $2P^5 5S^1$ 和 $2P^5 3P^1$ 能级间形成了布居数反转。这样自发辐射一旦发生,就会产生雪崩效应而使受激辐射不断放大,

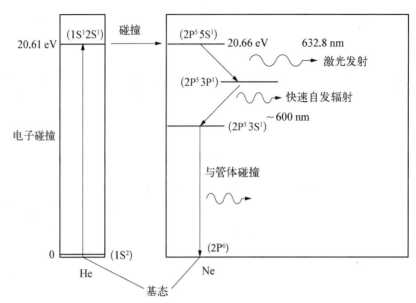

图 5.2 He‑Ne 气体激光器的工作原理及能带结构图

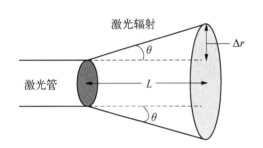

图 5.3 激光器从端面输出时的发散角示意图

产生稳定的红色(632.8 nm)激光输出,如图 5.2 所示。

从谐振腔中发射的激光具有极好的方向性,为了说明激光的方向性,我们用图 5.3 来解释。发射的激光会有一定的散射角 θ。一般 He‑Ne 激光器的散射角为 0.000 8 rad,这意味着一束激光传输 1 km 所产生的半径扩散仅为 0.4 m。激光器的这种优势常被用于校准测试(见图 5.3)。

由于海森堡不确定性原理和气体分子运动而引起的多普勒频率移动效应,气体激光器的发射光谱并不是单一的频率,而是有一定的频谱展宽。其中多普勒效应起主要作用。

由于多普勒效应,当气体分子靠近观测源时,观察到的发射频率为

$$\nu_1 = \nu_0 \left(1 + \frac{V_x}{c}\right) \tag{5.1}$$

其中 ν_0,V_x 和 c 分别为静态时气体分子的发射频率、气体分子的运动速度和真空中光速。当气体分子远离观测源时,观察到的发射频率为

$$\nu_1 = \nu_0 \left(1 - \frac{V_x}{c}\right) \tag{5.2}$$

由于气体分子运动方向和运动速度的随机性,由多普勒频移带来的频谱展宽以发射波长为中心,呈高斯分布,如图 5.4(a)所示。当我们考虑到谐振腔中气体分子运动速度的麦克

斯韦分布时,由多普勒效应带来的频谱展宽半高宽为

$$\Delta\nu_{1/2} = 2\nu_0 \sqrt{\frac{2k_B T\ln(2)}{Mc^2}} \qquad (5.3)$$

其中 k_B,T 和 M 分别为波尔兹曼常数、气体分子的绝对温度和分子质量。气体激光器输出波长在谐振腔中必须满足谐振条件

$$m\left(\frac{\lambda}{2}\right) = L \qquad (5.4)$$

图 5.4(c)为谐振腔内模式与谐振强度的关系。

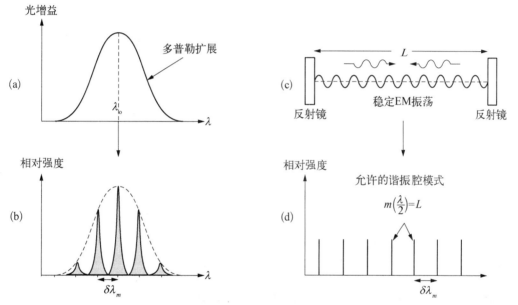

图 5.4 气体激光器中的多普勒展宽

不同的频率模式下,频谱会有不同程度的展宽。谐振腔中能够容纳的模式数不仅与谐振腔的尺寸有关,而且与谐振腔内的增益曲线有关。图 5.5 表示的是在不同的增益曲线分布下,同一个谐振腔所能容纳的不同模式数。

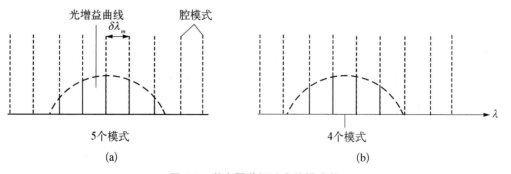

图 5.5 激光器谐振腔中的模式数

5.2　激光二极管原理和基本特征

对于非简并的直接带隙半导体而言,其带隙图如图 5.6(a)所示。对于非简并半导体而言,费米能级处于价带顶和导带底之间,费米能级被电子填充。在没有外部电压作用下,费米能级在二极管内是连续的。内建电场会阻止电子和空穴的扩散,而最终达到平衡状态。

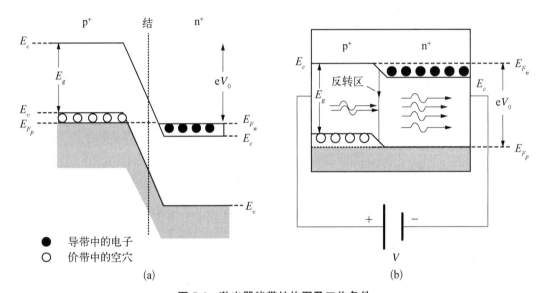

图 5.6　激光器能带结构图及工作条件

如果在 pn 结两端加上正向偏压 V,价带和导带的费米能级差为 $\Delta E_f < eV$, 当 $eV > E_g$ 时,外加电场会抵消内建电势。这样电子会大量进入 p 区,形成二极管电流,而空穴也会进入 n 区而形成空穴电流。因此,耗尽区变薄,在导带中费米能级处的电子数会比价带中费米能级处的电子多。这样,在价带和导带中就形成了电子的布居数反转。这种在外加电场下形成的布居数反转的区域称为有源区。由于价带中电子数目很少,入射的光子被吸收的概率远小于受激辐射的概率,在有源区中会发生受激辐射放大。

光学增益的大小与入射光频率有关,如图 5.7(b)所示,在低温下,能量大于 E_g 而小于费米能级差的光子得到放大,而能量大于费米能级差的光子作为激励源被吸收。

除了满足适当大的外加正向偏压外,实现放大还必须具有谐振腔。

如图 5.8 所示的 GaAs 同质结二极管,谐振下必须满足

$$m\frac{\lambda}{2n} = L \tag{5.5}$$

其中 λ 为波长,n 为有源区材料的折射率,L 为谐振腔长度,m 为正整数。

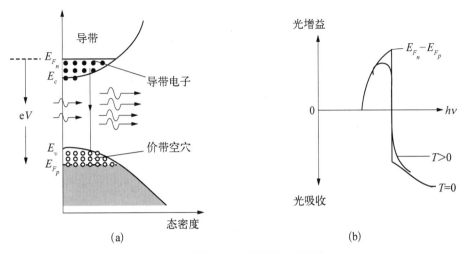

图 5.7　能带结构及光损耗与光吸收

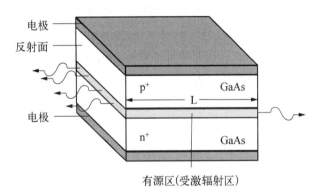

图 5.8　GaAs 同质结二极管

光学增益和入射波长的关系可以根据导带和价带中电子和空穴的分布来推导得到。实际输出的激光特性不仅与谐振腔尺寸有关,而且与入射光波长有关,如图 5.9 所示。为了实现激光放大,偏置电压必须要足够大,此时的电流必须要大于激光振荡阈值电流,才会产生受激放大效应。当谐振腔的增益大于阈值增益 g_{th} 时,此时的电流为阈值电流 I_{th}。

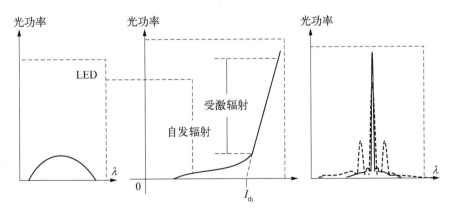

图 5.9　LED 和 LD 光功率的各项指标

由图 5.9 可知,超过阈值电流后,光功率会随着偏置电流的增加迅速增大,此时对应激光器受激放大的过程,受激辐射发出的激光为频谱线宽很窄的光源。

对于同质结二极管激光器而言,主要问题是阈值电流太大而不具有实用价值,而采用异质结可以克服上述缺点。异质结激光器结构和特点以后将会讨论。

5.3 稳态半导体速率方程

在 LD 中,加上正向偏置电压后,电子注入产生自发辐射和受激辐射,因此注入速率为自发辐射和受激辐射之和

$$\frac{I}{edLW} = \frac{n}{\tau_{sp}} + CnN_{ph} \tag{5.6}$$

其中 I 为偏置电流,e 为电子电量,d 为有源区厚度,L 为有源区长度,W 为有源区宽度,n 为载流子浓度,τ_{sp} 为自发辐射寿命,N_{ph} 为光子密度,C 为常数。

平衡时,谐振腔中相干光子的损耗速率等于受激辐射速率

$$\frac{N_{ph}}{\tau_{ph}} = CnN_{ph} \tag{5.7}$$

当受激辐射辐射速率等于总的谐振腔损耗时,对应的电子注入浓度为

$$n_{th} = \frac{1}{C\tau_{ph}} \tag{5.8}$$

当耦合输出光子浓度为 0 时

$$I_{th} = \frac{n_{th}edLW}{\tau_{sp}} \tag{5.9}$$

综合上式可以得到

$$\frac{I - I_{th}}{edLW} = Cn_{th}N_{ph} \tag{5.10}$$

$$N_{ph} = \frac{\tau_{ph}}{ed}(J - J_{th}) \tag{5.11}$$

其中电流密度 J 又可以表示为

$$J = I/WL \tag{5.12}$$

因此

$$P_o = \frac{\frac{1}{2}N_{ph}V_ch\nu}{\Delta t}(1 - R) \tag{5.13}$$

代入表达式为

$$P_\circ = \left[\frac{hc^2\tau_{ph}W(1-R)}{2en\lambda}\right](J-J_{th}) \tag{5.14}$$

图 5.10 是根据半导体激光器工作原理而化简的关系图,表示激光器电流与注入电子浓度和输出光功率的关系。

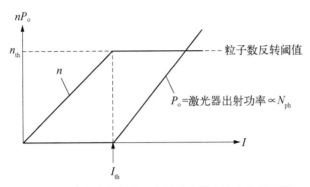

图 5.10　输出功率和注入电子浓度随电流变化关系图

LED 与 LD 均可以作为光通信中的光源。对于短途传输,如局域网,可使用 LED 作为光源,因为它结构简单,经济实用,寿命长。LED 通常用于多模光纤传输,因为 LED 光源本身频谱较宽,色散的影响相对较小。而对于高速长距离光通信系统的发射机的窄带宽高功率输出,更多的是采用 LD,因为越窄的激光线宽具有越小的色散,因此具有越大的比特带宽。

图 5.11 表示的是 LED 和 LD 的功率输出特性曲线。对于 LED,工作电流与输出功率呈线性关系,而 LD 需要一定的阈值电流,超过阈值电流后,输出功率随着电流呈指数增加。LD 相对于 LED 具有一定的优势。首先,LD 发出的光是相干光,衰减小,因此传输距离更远;其次,激光的频谱线宽很窄,色散小,因此在传输过程中,色散带宽只有 0.1 nm 左右,相比 LED 的 10~100 nm 左右频谱宽度要小得多;最后,LD 达到额定输出功率的时间更短,效率更高。

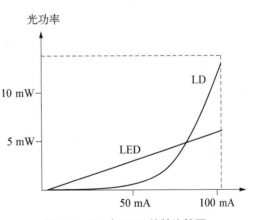

图 5.11　LD 与 LED 特性比较图

5.4　异质结构激光二极管

异质结激光二极管能够将注入的电子空穴对限制在很窄的区域内,以保证在较小的外界激励下就能够实现有源区的布居数反转;同时,较窄的异质结区域也便于激子对分离而提高受激辐射的概率。这可以通过设计一个高浓度的双异质结来实现。

图 5.12 所示为正向偏压下,双异质结的激光二极管光子密度分布状态。大量的光子聚

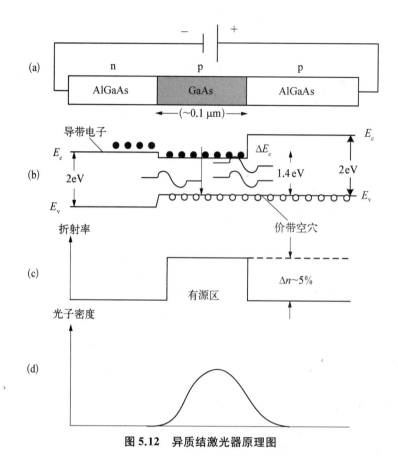

图 5.12　异质结激光器原理图

集在光谐振腔中以减少光子的损耗,这样有助于受激辐射的增强。

如图 5.13 所示,在外加正向偏压的作用下,n 区的费米能级要高于 p 区的费米能级,大

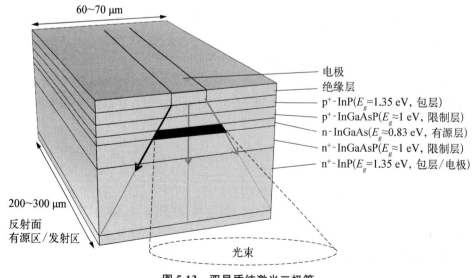

图 5.13　双异质结激光二极管

量的导带电子注入 p 区。而注入的电子由于 GaAs 和 AlGaAs 的费米能级势差而在 p 区 GaAs 聚集。由于 p 区 GaAs 较薄,在较小的偏压下电子浓度会很快提高,这样可以有效地降低阈值电流而实现布居数反转。而对于这种结构而言,有源区的折射率要大于电极区的折射率。进入有源区的光子相当于在波导中传输,因此光子数会增大,这样在有源区的光子的高密度和粒子数反转保证了激光放大的实现。

5.5　单频固体激光器

对于激光器而言,输出的频谱越窄越好,以保证激光器在单频下工作。有很多谐振结构可以实现单频的输出。图 5.14 是具有布拉格反射光栅的平面腔激光器。经过谐振腔的光必须满足式(5.15)所列布拉格反射条件才能实现相干增强而输出。

$$q \frac{\lambda_B}{n} = 2\Lambda \tag{5.15}$$

其中 λ_B 是布拉格反射波长,Λ 是布拉格周期,n 是布拉格材料折射率,q 是整数。

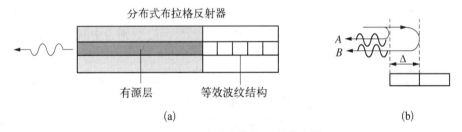

图 5.14　分布式布拉格反射激光器

图 5.15 是分布式反馈激光器的原理图。结构中有一纹波层称为导波层,紧接着导波层的是有源层。有源区的光进入导波层后,在导波层发生部分反射。分布式反馈激光器 (DFB) 与上述布拉格反射激光器工作原理不同,导波层具有光放大效应,当一列右行波在导波层传输时,行波在导波层发生部分反射,产生一列左行波,左行波与原波叠加,只有当往返相位差为 2π 的整数倍时,才会产生相干增强。

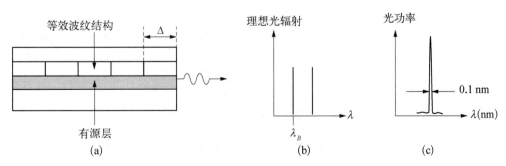

图 5.15　分布式反馈激光器

DFB 激光器允许的波导模式与反射光栅略有不同,它们之间的关系满足

$$\lambda_m = \lambda_B \pm \frac{\lambda_B^2}{2nL}(m+1) \tag{5.16}$$

其中 m 为对应的模式,λ_B 为布拉格波长,L 为布拉格波导的长度,n 为布拉格波导材料折射率。

5.6 量子阱激光器

量子阱激光器是在两个较宽的半导体材料中间夹杂一层很薄的、带隙较小的半导体所形成的异质结器件。为了避免界面处的缺陷形成电子复合损耗,两种半导体应该具有相似的晶格结构如 AlGaAs 和 GaAs。前面我们也讨论过这种结构,在较小的电流下,该结构可以在 GaAs 层形成大量导带电子的聚集。中间层的宽度很小,电子可以看成在 x 方向分布而在 z、y 平面浓度为零。这样,导带中的电子能量可以看作是一维量子阱的能量

$$E = E_c + \frac{h^2 n^2}{8m_e^* d^2} + \frac{h^2 n_y^2}{8m_e^* d_y^2} + \frac{h^2 n_z^2}{8m_e^* d_z^2} \tag{5.17}$$

其中 E 为电子所处位置处的能量,E_c 为导带底的能量,n,n_y,n_z 分别为 x,y,z 方向上的主量子数,h 为 Planck 常数,m_e 为电子有效质量,d,d_y,d_z 分别为中间薄层在 x,y,z 方向上的尺寸。

对于量子阱内的电子态密度分布,与体型半导体不同。对于给定浓度下电子态密度,一定能级下为常数,如图 5.16(c) 所示。这样在二维电子气结构中,电子很容易就填充了 E_1 能级,因此大量的电子和空穴都集中在导带底和价带顶的边缘。这样在较小的外部电流下,电子更容易注入有源区而实现布居数反转,从而导致低阈值激光发射。图 5.17 是单量子阱激光器示意图。由于电子空穴都集中在线状能级上,发射光谱的宽度远小于体半导体激光器的宽度。

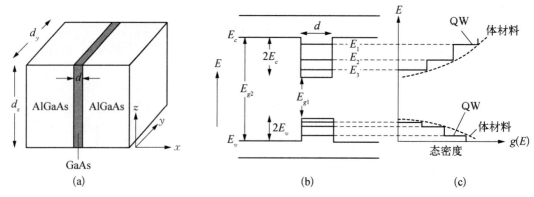

图 5.16　量子阱激光器结构和能带示意图

图 5.18 是在单量子阱的基础上改进的多量子阱结构。对于多量子阱而言,周期性的薄层势阱可实现发射波长的调控。

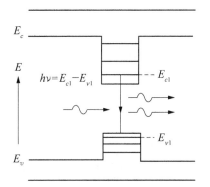

图 5.17　单量子阱激光器

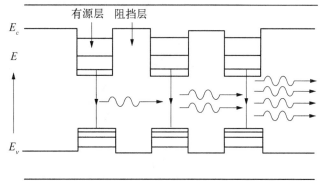

图 5.18　多量子阱激光器

5.7　垂直腔表面发射激光器

图 5.19 是垂直腔表面发射激光器(VCSEL)的原理图。VCSEL 的谐振腔的方向与激光器电流的方向相同,有源区很窄,激光发射是从垂直的表面而不是侧面发出。反射器的两端是周期性的 1/4 波长的反射材料,以满足波长反射和选择条件。

$$n_1 d_1 + n_2 d_2 = \frac{1}{2}\lambda \quad (5.18)$$

其中 (n_1, d_1),(n_2, d_2) 分别是材料 1 和 2 的折射率和厚度。

这种结构实际上相当于一个分布式布拉格光栅反射器,多层的反射结构保证反射率高达 99% 以上。在介质反射镜之间有一层很薄的有源层,一般是采用分子束外延生长技术制作的多量子阱层,以保证低阈值电流和高输出功率。

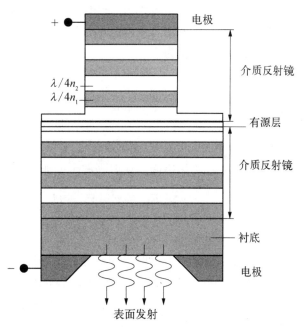

图 5.19　垂直腔表面发射激光器(VCSEL)结构图

5.8　全息储存基本原理

全息技术是通过激光源的相干光来实现三维立体光学成像的技术。

全息实现原理如图 5.20 所示。

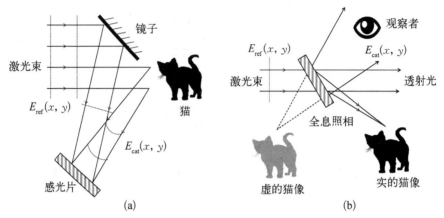

图 5.20　全息原理图

图 5.20 为简化的全息储存原理示意图。一束激光分成两束相干光，一束为经过反射镜反射后进入全息材料的参考光束，一束是经过需要储存的物体表面反射后、并携带后物体表面结构的相位和强度的信息进入全息材料，与参考光束干涉，并形成全息图像。

参考光的电场强度为

$$E_{ref}(x, y) = U_r(x, y)e^{j\omega t} \tag{5.19}$$

来自物体表面的发射光的电场强度为

$$E_{cat}(x, y) = U(x, y)e^{j\omega t} \tag{5.20}$$

参考光和来自物体表面的反射光产生干涉

$$I(x, y) = |E_{ref} + E_{cat}|^2 = |U_r + U|^2 = (U_r + U)(U_r^* + U^*) \tag{5.21}$$

$$I(x, y) = UU^* + U_r U_r^* + U_r^* U + U_r U^* \tag{5.22}$$

其中第一和第二项分别是衍射光和参考光的强度，第三第四项包含了物体表面的振幅和相位，表明物体表面的信息已经储存在全息材料中。

当用激光束照射全息材料时，激光束分别在全息材料的两面形成透过光和反射光，透过光形成实像，而反射光形成虚像。

用激光束 $I(x, y)$ 照射全息材料时

$$U_t \propto U_r I(x, y) = U_r(UU^* + U_r U_r^* + U_r^* U + U_r U^*) \tag{5.23}$$

$$U_t \propto U_r I(x, y) = U_r(UU^* + U_r U_r^*) + (U_r U_r^*)U + U_r^2 U^* \tag{5.24}$$

$$U_t \propto a + bU(x, y) + cU^*(x, y) \tag{5.25}$$

其中第一项 a 是透过光束，第二和第三项代表衍射光，b 是常数，代表参考光强。

第二项代表来自物体的波阵面和相位信息。观察者能看到 3D 图像，是一个虚像第三个

是实像,一个共轭的图像。实际上,全息是一种波阵面重构的方法。

习　题

1. 一个激光二极管的有源区尺寸如下:有源层长度为 L,宽度为 W,厚度为 d,光子穿过激光腔体长度 L 耗时 $\Delta t = nL/c$ 秒,这里 n 是折射率。如果 N_{ph} 是相干光子密度,则任意时刻腔体内只有一半的光子 $(1/2)N_{ph}$ 会向前传播到晶体的输出面,半导体晶体表面的反射率是 R。

(1) 试证明相干光输出的功率和强度分别为

$$P_0 = \left[\frac{hc^2 N_{ph}dW}{2n\lambda}\right](1-R), \quad I = \left[\frac{hc^2 N_{ph}}{2n\lambda}\right](1-R)$$

(2) 由于各种损耗如散射,如果 α 是半导体激发层中相干辐射的衰减系数,R 是晶体端面的反射系数,则总的损耗系数 α_t 是

$$\alpha_t = \alpha + \frac{1}{2L}\ln\left(\frac{1}{R^2}\right)$$

(3) 考虑一双异质结构 InGaAsP 半导体激光器,工作波长为 1 310 nm,有源层长度 $L \approx 60$ mm,宽度 $W \approx 10\ \mu m$,厚度 $d \approx 0.25\ \mu m$,折射率 $n \approx 3.5$。损耗系数 $\alpha \approx 10$ cm^{-1}。求 α_t 和 τ_{ph}。

(4) 对于上面所述器件,阈值电流密度为 $J_{th} \approx 500$ A cm^{-2},$\tau_{sp} \approx 10$ ps。试计算阈值电子浓度以及当电流为 5 mA 时激光功率和强度。

2. 一垂直腔表面发射激光器的结构如图 5.21 所示。要求发射蓝光,中心波长为 450 nm,300 K 时激光线宽 0.1 nm,设计半导体材料和腔长。

3. 设计一单纵模半导体激光器,结构如图 5.22 所示。输出波长为 1 530 nm。掺杂浓度 $N_d = N_a = 1\ 018$ cm^{-3},$\mu_e = 280$ cm^2 · v^{-1} · s^{-1}.,$\mu_h = 157$ cm^2 · v^{-1} · s^{-1}.

设计腔长和布拉格周期。

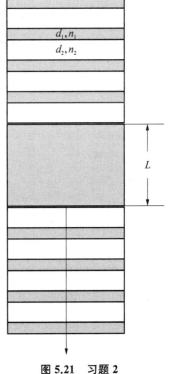

图 5.21　习题 2

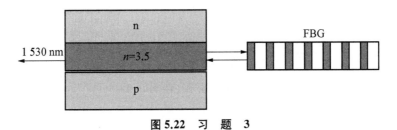

图 5.22　习　题　3

第6章 光放大原理

6.1 掺铒光纤放大器

6.1.1 速率方程

当光信号在光纤中传输时,由于传输损耗的影响,光信号强度会随着传输距离的增加而衰减。因此,必须对光纤中的信号进行放大,才能保证接收端能够准确地识别信号。

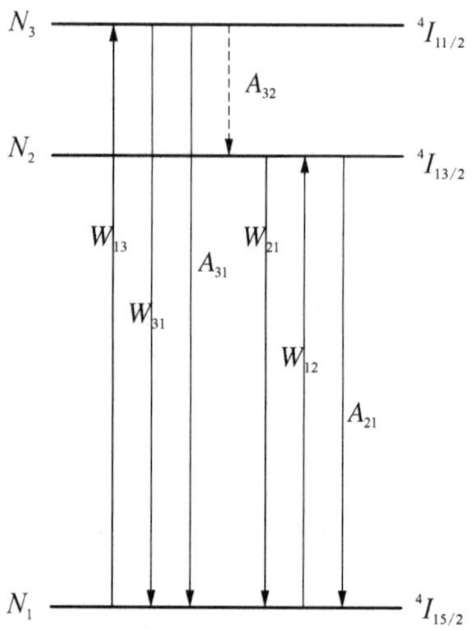

一种常见的光纤放大器是掺铒光纤放大器。在外部泵浦光源的激励下,处于基态的铒离子受激跃迁到达激发态。由于激发态的不稳定性,铒离子在到达激发态后会迅速弛豫到处于较低能级的亚稳态。当更多的离子在亚稳态聚集时,在外界信号源(如1 550 nm波段的信号)的激发下产生受激辐射,亚稳态的铒离子会回到基态同时释放一个与1 550 nm波段信号同相位同频率同偏振的光子,这样就实现了光信号的放大。图6.1为掺铒光纤放大器的能级结构、电子跃迁、受激发射和自发发射过程。

根据图6.1,假设N_1和N_2分别表示处于基态和亚稳态的铒离子数目,描述电子位于各能级的布居数速率方程如下

图6.1 掺铒光纤放大器的能级结构、电子跃迁、受激发射和自发发射过程

$$\frac{\partial N_1}{\partial t} = -(W_{12} + W_{13}) \times N_1 + (A_{21} + W_{21})N_2 \tag{6.1}$$

$$\frac{\partial N_2}{\partial t} = W_{12} \times N_1 - (W_{21} + A_{21})N_2 + A_{32}N_3 \tag{6.2}$$

$$\frac{\partial N_3}{\partial t} = W_{13} \times N_1 - A_{32}N_3 \tag{6.3}$$

$$N = N_1 + N_2 + N_3 \tag{6.4}$$

其中泵浦吸收速率 $W_{13}(\mathrm{s}^{-1})$，受激发射速率 $W_{21}(\mathrm{s}^{-1})$ 和吸收速率 $W_{12}(\mathrm{s}^{-1})$ 为

$$W_{13} = \frac{\sigma_{13}(\nu)P_s(z)}{h\nu_{13}A_{eff}}, \quad W_{21} = \frac{\sigma_{21}(\nu)P_s(z)}{h\nu_{21}A_{eff}}, \quad W_{12} = \frac{\sigma_{12}(\nu)P_s(z)}{h\nu_{12}A_{eff}} \tag{6.5}$$

$A_{21}(\mathrm{s}^{-1})$ 为从亚稳态到基态的自发发射速率，$A_{32}(\mathrm{s}^{-1})$ 为从激发态到亚稳态的辐射跃迁和无辐射跃迁速率之和。$\sigma_{12}(\nu)$，$\sigma_{21}(\nu)$ 分别为第一能级（基态能级）和第二能级（亚稳态能级）之间的吸收和发射截面。h，ν_{21}，A_{eff} 分别是普朗克常量、发射频率和光纤有效截面积，单位分别为 Joule，Hz 和 m^2。泵浦光 $P_\mathrm{P}(z)$，信号光 $P_s(z)$ 和自发辐射光功率 $P_\mathrm{ase}(z)$ 传播方程为

$$\frac{\mathrm{d}P_\mathrm{P}(z)}{\mathrm{d}z} = -(\sigma_{13}N_1 + \alpha_p)P_\mathrm{P}(z) \tag{6.6}$$

$$\frac{\mathrm{d}P_\mathrm{S}(z)}{\mathrm{d}z} = [\sigma_{21}N_2 - \sigma_{12}N_1 - \alpha_\mathrm{S}]P_\mathrm{S}(z) \tag{6.7}$$

$$\frac{\mathrm{d}P_\mathrm{ase}(z)}{\mathrm{d}z} = (\sigma_{21}N_2 - \sigma_{12}N_1 - \alpha_{ase})P_{ase}(z) + 2N_2\sigma_{21}h\nu\Delta\nu \tag{6.8}$$

其中 ν，$\Delta\nu$ 为 ASE 频率和频率有效宽度（Hz）。

6.1.2　增益特征

信号光功率增益 G 是泵浦光功率 $P_\mathrm{p}(0)$、信号光功率 $P_s(0)$、掺杂离子浓度 N 和增益介质长度 Z 的函数。

$$G = \frac{P_s(z)}{P_s(0)} = F(P_\mathrm{p}(0), P_s(0), N, z) \tag{6.9}$$

定义信噪比（optical signal noise ratio, OSNR）为信号功率 $P_k(\lambda)$ 与自发发射噪声功率的比值

$$\mathrm{OSNR} = \frac{P_k(\lambda)}{h\nu_k\Delta\nu F_k(\lambda)} \tag{6.10}$$

其中 ν_k，$\Delta\nu$，$F_k(\lambda)$ 分别为自发发射谱中心频率、有效频率宽度和峰值光子数密度。

定义噪声指数为增益介质输入端和输出端信噪比之差。

$$\mathrm{NF} = \mathrm{OSNR}_\mathrm{in} - \mathrm{OSNR}_\mathrm{out} = \frac{2N_2(z)}{N_2(z) - N_1(z)\dfrac{\sigma_{12}}{\sigma_{21}}} = \frac{1}{G}\left(1 + \frac{P_{ase}(\lambda)}{h\nu\Delta\nu}\right) \tag{6.11}$$

如果光信号总增益为

$$G = \sigma l(N_2 - N_1) \tag{6.12}$$

$\Delta N = N_2 - N_1$ 为粒子反转数,σ 为单位粒子反转数和单位长度的增益,由于其单位是面积单位,称为发射截面,图 6.2 为掺铒光纤放大器的原理和系统结构图。

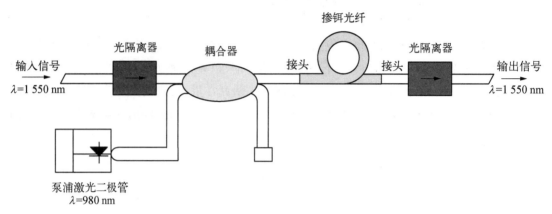

图 6.2　掺铒光纤放大器的结构示意图

6.2　拉曼光纤放大器

掺铒放大器的工作原理是基于稀土离子中电子在亚稳态能级和基态能级之间的跃迁。与之不同,拉曼光纤放大器是基于振动能级之间的跃迁。图 6.3 是拉曼光纤放大器的振动能级结构、能级跃迁、受激发射和自发发射过程的示意图。如入射光子频率与第一能级与第三能级(虚拟能级)之间的能级间隔匹配,则此光子被吸收,振动态从第一能级跃迁到第三能级,然后大量振动态从第三个能级跃迁到第二个能级,发出斯托克斯光子,少量跃迁到第一能级,发出反斯托克斯光子。如入射光子频率与第二能级与第三能级(虚拟能级)之间的能级间隔匹配,则此光子被吸收,振动态能级从第二能级跃迁到第三能级,然后大量振动态从第三能级跃迁到第二个能级,发出与信号光频率接近的斯托克斯光子,其余跃迁到第一个能级,发出反斯托克斯光子。

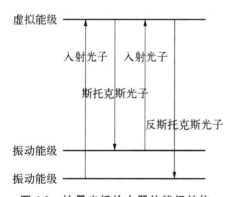

图 6.3　拉曼光纤放大器的能级结构、能级跃迁和受激发射过程示意图

前向泵浦功率 I_{pf} 和后向泵浦功率 I_{bf} 与信号功率 Is 之间的关系为耦合微分方程

$$\frac{\mathrm{d}I_{pf}(z)}{\mathrm{d}z} = \left[-\frac{\omega_p}{\omega_s} g_R I_s - \alpha_p \right] I_{pf} \tag{6.13}$$

$$\frac{\mathrm{d}I_{pb}(z)}{\mathrm{d}z} = \left[-\frac{\omega_p}{\omega_s} g_R I_s - \alpha_p \right] I_{pb} \tag{6.14}$$

$$\frac{\mathrm{d}I_s(z)}{\mathrm{d}z} = \left[g_R(I_{pf} + I_{pb}) - \alpha_s\right]I_s \tag{6.15}$$

其中 g_R 为拉曼增益系数,单位为 $\mathrm{m^{-1} \cdot w^{-2}}$;$\alpha_s$,$\alpha_p$ 分别是信号光波长和泵浦光波长处的背景损耗,单位为 $\mathrm{m^{-1}}$;I_s 是信号光功率;ω_p,ω_s 分别是泵浦光和信号光角频率,单位为 Hz。

根据石英光纤的拉曼增益系数测量结果,拉曼增益系数谱的峰值离泵浦频率在 100 THz 左右。已知拉曼增益系数和泵浦功率,可以求解上述泵浦光和信号光功率的耦合微分方程,式(6.13)~式(6.15)可得到拉曼增益随信号光波长的变化。

6.3 半导体光放大器

6.3.1 速率方程

掺铒放大器的工作原理是基于稀土离子中电子在亚稳态能级和基态能级之间的跃迁,拉曼光纤放大器是基于振动能级之间的跃迁。与前两者不同,半导体光放大器是基于电子空穴对受激复合而产生受激辐射,自发复合而产生自发辐射的光子。图 6.4 是半导体光放大器的结构示意图。在半导体两端接上正向偏置电压后,pn 结的内建电场变弱,空间电荷区(或有源区或耗尽区)变薄。n 区的电子继续扩散到 p 区,p 区的空穴继续扩散到 n 区。电子和空穴在扩散过程中都经过空间电荷区时产生受激发射和自发辐射。在 p 区和 n 区,由于少数载流子浓度较低,电子空穴对复合速率较低。因此电子空穴对的复合主要发生在浓度较高的空间电荷区。在空间电荷区,电子空穴对复合的速率方程如下

$$\frac{\partial N(z,t)}{\partial t} = R(z) - \left[aN(z,t) + bN_{(z,t)}^2 + cN_{(z,t)}^3\right] - \frac{g(z,t)}{h\nu}\,|E(z,t)|^2 \tag{6.16}$$

其中增益系数

$$g(z,t) = \Gamma a\left[N(z,t) - N_0\right] \tag{6.17}$$

$R(z)$ 为偏置电流注入速率($\mathrm{m^{-3}s^{-1}}$),Γ 是信号光和偏置电流密度之间的重叠因子,N_0 是初始时电子空穴对浓度,a,b,c 为 pn 结材料相关的常数,$E(z,t)$ 为信号光在损耗区的电场强度,h,ν 分别为 Planck 常数和频率。

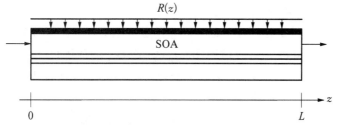

图 6.4 半导体光放大器的能级结构示意图

87

6.3.2 增益特征

半导体光放大器的增益系数为

$$g(\omega) = \frac{g_0}{1 + (\omega - \omega_0)^2 T_2^2 + P/P_s} \tag{6.18}$$

其中 g_0 为峰值增益系数，ω_0 为峰值增益频率，T 为增益曲线半高宽，P_s 为饱和功率，P 为信号功率。在小信号情况下，$P/P_s \ll 1$，则增益系数近似为：

$$g(\omega) = \frac{g_0}{1 + (\omega - \omega_0)^2 T_2^2} \tag{6.19}$$

半导体光放大器的功率传播方程与上述掺铒光纤放大器类似，但增益系数不同，通过求解速率方程[见式(6.16)和(6.17)]和功率传播方程，可以得到增益随信号光波长的变化。

习　题

1. 考虑一个三能级激光系统，能级从低到高依次为 E_1，E_2，E_3，依次为基态能级或激光下能级（终态能级）、亚稳态能级（或称激光上能级、起始能级）和激发态能级。假设从激发态能级 E_3 到亚稳态能级 E_2 的跃迁很快，亚稳态能级 E_2 到基态能级 E_1 的自发衰减时间为 τ_{sp}，光纤长度为 L 米，掺杂浓度为 N（个/m³），初始泵浦功率和输入信号功率分别为 P_{p0}，P_{s0}。

(1) 写出位于三个能级的粒子数分布数的速率方程，即 N_1，N_2，N_3 随时间变化的微分方程组。

(2) 写出泵浦功率 $P_p(z)$ 和信号功率 $P_s(z)$ 随光纤长度变化的微分方程组。

(3) 当光纤长度为 10.0 m，泵浦功率为 100.0 mW，掺杂浓度 N 为 $2.0 \times 10^{25}/\text{m}^3$，自发发射衰减时间 τ_{sp} 为 3 ms，计算光纤输出端的泵浦功率和信号功率。

(4) 在上述基础上计算作图显示信号功率的放大倍数随光纤长度的变化关系。

2. 考虑一个拉曼光纤放大系统，在 1 000 nm 处泵浦吸收系数为 10.0/m，1 500 nm 处拉曼增益系数 $1.0\ \text{W}^{-2} \cdot \text{m}^{-1}$，光纤长度为 1 000 米，初始泵浦功率 P_{p0} 和输入信号功率 P_{s0} 分别为 1.0 W，1.0 μW。

(1) 写出泵浦功率 $P_p(z)$ 和信号功率 $P_s(z)$ 随光纤长度变化的微分方程组。

(2) 计算光纤输出端的泵浦功率和信号功率。

(3) 在上述基础上计算作图显示信号功率的放大倍数随光纤长度的变化关系。

3. 一半导体光放大器由基质材料 InGaAsP 组成，掺杂浓度 $N_a = 10^{18}\ \text{cm}^{-3}$，$N_d = 10^{18}\ \text{cm}^{-3}$，工作波长为 1 310 nm，有源层长度 $L \approx 60$ mm，宽度 $W \approx 10\ \mu\text{m}$，厚度 $d \approx 0.25\ \mu\text{m}$，折射率 $n \approx 3.5$，损耗系数 $\alpha \approx 10\ \text{cm}^{-1}$。

当电流密度为 $J_{th} \approx 500\ \text{A cm}^{-2}$，计算该半导体光放大器的增益。

第7章 光调制器原理

7.1 电光效应

电光效应指的是在外部电场的作用下,材料折射率的变化。外部电场能够改变材料中原子内部的电子运动或者材料的结构,从而改变材料的光学性质。根据外部电场对材料影响的程度,电光效应一般分为一阶和二阶效应。

在第一章我们已经介绍过各向异性材料沿着不同的方向具有不同的折射率。各向同性的材料,折射率为恒定值。当我们在各向同性的材料上施加不同方向的电场时,会引起材料某些方向折射率的变化,如图 7.1 所示。

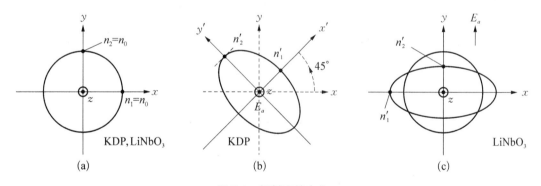

图 7.1 折射率的变化

(a) 没有外加电场作用下的光学折射率 　(b) 沿着光轴方向(z 轴方向)外加电场作用下的光学折射率
(c) 沿着 y 轴方向外加电场作用下的光学折射率

如果我们假设材料的折射率为 n,经过外加电场调制后,折射率为 n',则折射率可以表示为

$$n' = n + a_1 E + a_2 E^2 + \cdots \tag{7.1}$$

其中一阶调制项称为 Pockels 效应,二阶调制项称为 kerr 效应,它们分别为

$$\Delta n_1 = a_1 E \tag{7.2}$$

$$\Delta n_2 = a_2 E^2 = (\lambda K) E^2 \tag{7.3}$$

所有材料都有 kerr 效应,而并不是所有的材料都有 Pockels 效应。由折射率的表达式

可知,当外加电场反向时,折射率也会改变。而材料为中心对称时,折射率不会改变。此时 $a_1 = 0$,不存在 Pockels 效应。因此,只有材料为非中心对称时才有 Pockels 效应。

7.1.1 Pockels 效应

Pockels 效应是指在外加电场作用下引起的材料折射率的一阶调制效应。

如图 7.1(a) 所示,当光沿着 z 轴方向传播而没有外加电场作用时,光场沿与 z 轴垂直的平面内任意偏振方向的折射率都相同 ($n_1 = n_2 = n_0$)。 如图 7.1(b) 所示,当光沿着 z 轴方向传播而且在 z 轴方向外加电场时,折射率与 z 轴垂直的偏振方向相关 ($n_1 \neq n_2 \neq n_0$)。 当外加电场沿着 y 轴方向时,该电磁波沿 x,y 轴的电场偏振分量会受到折射率 n_1' 与 n_2' 的不同影响而产生双折射现象。在 x,y 轴偏振方向,对应的折射率分别变为

$$n_1' \approx n_1 + \frac{1}{2} n_1^3 r_{22} E_a$$

$$n_2' \approx n_2 - \frac{1}{2} n_2^3 r_{22} E_a \tag{7.4}$$

其中 r_{22} 为 Pockels 系数,与晶体结构和材料有关。对于不同方向施加的电场有不同的 Pockels 系数。

通过外部电场作用来调节材料的折射率可以实现相位调制。纵向 Pockles 相位调制时,电场方向与光传播方向平行;横向 Pockles 相位调制时,电场方向与光传播方向垂直。图 7.2 所示为横向 Pockles 调制器。

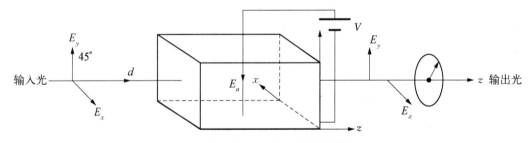

图 7.2 横向 Pockles 相位调制器

由于外加电场的作用,不同方向上的折射率发生了变化,导致 E_x 与 E_y 通过晶体后的相位不同。E_x 和 E_y 偏振的相位分别为

$$\phi_1 = \frac{2\pi}{\lambda} L \left(n_0 + \frac{1}{2} n_0^3 r_{22} \frac{V}{d} \right) \tag{7.5}$$

$$\phi_2 = \frac{2\pi}{\lambda} L \left(n_0 - \frac{1}{2} n_0^3 r_{22} \frac{V}{d} \right) \tag{7.6}$$

产生的相位差为

$$\Delta\phi = \phi_1 - \phi_2 = \frac{2\pi}{\lambda} n_0^3 r_{22} \frac{L}{d} V \tag{7.7}$$

由式(7.7)可知,我们可以通过控制外加偏压和调制单元的长宽比(L/d)来调制 x 和 y 方向偏振波的相位。因此,该结构又叫偏振调制器。

将两个偏振器分别置于相位调制器前后可实现调制,如图 7.3 所示。两个偏振器偏振方向夹角为 90°,且与 y 轴夹角均为 45°。当外加电场为 0 时,由马吕斯定律知光通量为 0。

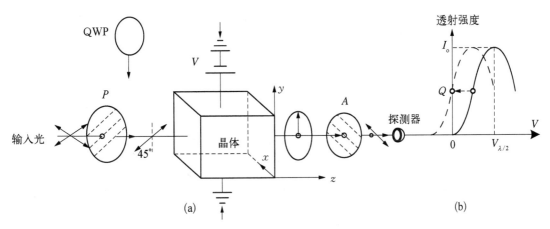

图 7.3 偏振器对相位调制器可实现相应调制

(a) 横向 Pockels 强度调制器　(b) 透过强度与电压参数的关系图

当外加电场时,设在 x,y 偏振方向引起的相位差为 $\Delta\phi$,经过第一个偏振器(起偏器)后的电场强度为 E_0,经过调制后的电场为

$$E = -x\,\frac{E_0}{\sqrt{2}}\cos(\omega t) + y\,\frac{E_0}{\sqrt{2}}\cos(\omega t + \Delta\phi) \tag{7.8}$$

该电场经过检偏器后输出的电场强度为

$$E = E_0 \sin\left(\frac{1}{2}\Delta\phi\right)\sin\left(\omega t + \frac{1}{2}\Delta\phi\right) \tag{7.9}$$

设进入调制器前的光强为 I_0,经过检偏器后的输出光强为

$$I = I_0 \sin^2\left(\frac{1}{2}\Delta\phi\right) \tag{7.10}$$

由相位差公式

$$\Delta\phi = \phi_1 - \phi_2 = \frac{2\pi}{\lambda}n_0^3 r_{22}\frac{L}{d}V \tag{7.11}$$

可以得到光强与外加电压的关系

$$I = I_0 \sin^2\left(\frac{\pi}{2}\frac{V}{V_{\lambda/2}}\right) \tag{7.12}$$

如果在起偏器后加上一块 1/4 波片（偏振方向发生 45°旋转），入射的线偏振光将变成圆偏振光，这就相当于提前对入射光进行了相位调制，因此传输曲线将会变成图 7.3 虚线的位置。

7.1.2　Kerr 效应

如图 7.4 所示，如果将电场加到各向同性的对称材料两端，一阶非线性将不存在，这时 Kerr 效应（二阶非线性）将起主要作用。

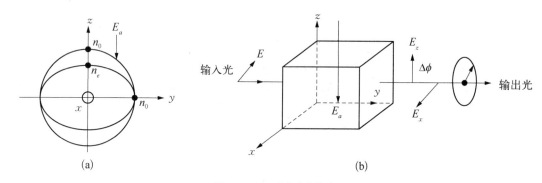

图 7.4　Kerr(克尔)效应

(a) 一个外加应用电场后的折射率变化示意图　(b) Kerr 效应相位调制器示意图

Kerr 效应的相位调制与 Pockels 类似，但是 Kerr 效应是二阶效应，系数较小，主要用于强电场和高频调制。经过电场调制后的相位差为

$$\Delta\phi = k\,\Delta nL = \frac{2\pi\Delta n}{\lambda}L = \frac{2\pi(\lambda K E_a^2)}{\lambda}L = \frac{2\pi LKV^2}{d^2} \tag{7.13}$$

通过改变电压和材料厚度 d 的值可以调节相位差 $\Delta\phi$。

7.2　集成光调制器

集成光学调制就是将光学调制器集成到含有各种光学元件的衬底上，以实现系统的小型化和功能的增强。

7.2.1　相位和偏振调制器

图 7.5 是一个简单的偏振调制器。在 LiNbO$_3$ 衬底上形成的掺钛(Ti)波导，用于传输偏振光，在与传播方向垂直的方向上施加偏置电压对偏振波进行外部调制。由于 Pockels 效应产生的折射率变化 Δn 会引起相位的变化。然而，电极之间的电场并不均匀，而且外加电场并不是完全束缚在波导中，因此相位调制因子小于 1，相位变化与外加电压 V 和电极之间的宽度 d 的关系为

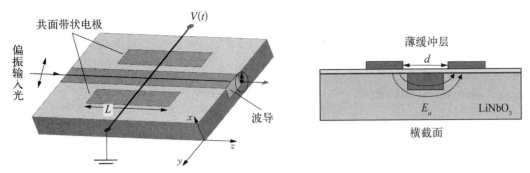

图 7.5　集成横向 Pockels 相位调制器

$$\Delta\phi = \Gamma\frac{2\pi}{\lambda}n_0^3 r_{22}\frac{L}{d}V \tag{7.14}$$

其中 Γ 取值范围一般在 $0.5\sim0.7$ 之间。

7.2.2　Mach‐Zehnder 调制器

通过外加电场可以实现相位调制,如果将调制后不同相位的相同偏振波叠加,可以实现幅度调制。这种叠加装置称为干涉仪,如图 7.6 所示。

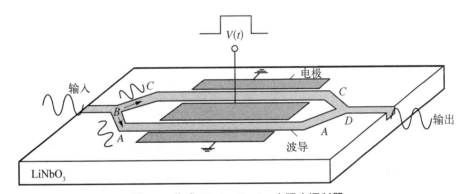

图 7.6　集成 Mach‐Zender 光强度调制器

波导中的偏振波在 B 处被分为两束光 A 和 C,最后在 D 处汇合输出。理想情况下,进入分支 A 和 C 的光强为入射光强的 $1/\sqrt{2}$。当两束光 A 和 C 在 D 处汇合后,由于频率相同而相位不同,会产生干涉,光强度与两束光的相位差有关。两个背靠背的电极作为外加电场对偏振光进行调制,由于所加电场的方向相反,两束光的相位变化相反,而且由于强度一致,两束光的相位差为单个分支产生相位差的两倍。通过控制外加电压,可以调节相位差从而控制输出电场的强度。设单个分支的场强为 A,输出场强为

$$E_{\text{output}} \propto A\cos(\omega t + \phi) + A\cos(\omega t - \phi) = 2A\cos\phi\cos(\omega t) \tag{7.15}$$

输出功率正比于 E_{output}^2,当 $\phi = 0$ 时,输出最大

$$\frac{P_{\text{out}}(\phi)}{P_{\text{out}}(0)} = \cos^2\phi \tag{7.16}$$

7.2.3 耦合波导调制器

当两个波导 A 和 B 之间的距离很近时,波导中的电场将会相互影响而产生叠加效应。换句话说就是一个波导中的光耦合到了另外一个波导中。我们可以定性分析这种波导之间的耦合效应。对于矩形波导,消逝波具有一定的宽度,当两个波导的距离小于波导的趋肤深度时,A 中的电场会进入 B 中,伴随着部分能量的转移。耦合的强度与波导模式、材料的折射率、几何尺寸都有关系。

当波导 A 中的光泄漏到 B 中,与 B 中的光叠加,如果同相位,B 中的光强将会增强;同样,B 中的光也会部分传到 A 中,使 A 中光强增强,这样就能实现耦合放大;如果相位相反,光强将会相互削弱。设 β_A 和 β_B 为光的传播常数,则单位距离的相位失配为 $\Delta\beta = \beta_A - \beta_B$。如果失配度 $\Delta\beta = 0$,则 A 中的光完全耦合到 B 中,所需的最短传播距离为 L_0,称为传输距离。L_0 与波导的折射率和几何尺寸有关。

传导功率与失配度的关系为

$$\frac{P_B(L_0)}{P_A(0)} = f(\Delta\beta) \tag{7.17}$$

传导率为 0 时的传播常数失配

$$\Delta\beta = \pi\sqrt{3}/L_0 \tag{7.18}$$

传导功率与失配度的关系如图 7.7(b)所示。

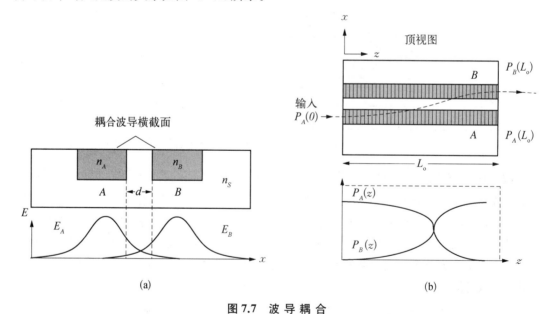

图 7.7 波 导 耦 合

(a) 紧密相邻的波导 A 与 B 的横截面　(b) 沿 z 方向相互耦合的波导 A 与 B 的顶视图

图 7.8 为加上电极后的方向耦合器示意图。没有外加电场时,传播常数失配度 $\Delta\beta = 0$,波导 A 中的光能够完全传入 B 中。施加一定的电场后,传播常数的失配度

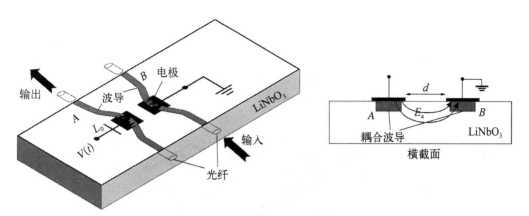

图 7.8　集成方向耦合器[6]

$$\Delta\beta = \Delta n_{AB}\left(\frac{2\pi}{\lambda}\right) \approx 2\left(\frac{1}{2}n^3 r \frac{V}{d}\right)\left(\frac{2\pi}{\lambda}\right) \tag{7.19}$$

令 $\Delta\beta = \pi\sqrt{3}/L_0$，我们可以得到

$$V_0 = \frac{\sqrt{3}\lambda d}{2n^3 r L_0} \tag{7.20}$$

7.3　声光调制器

晶体晶格间的应力可以影响晶体的折射率，这种性质称为光弹效应。应力可以改变晶体的密度和晶格间的作用力，进而改变折射率。实验结果表明，晶格间的应力与折射率满足关系

$$\Delta\left(\frac{1}{n^2}\right) = pS \tag{7.21}$$

其中 p 为光弹系数，S 为应力。我们通过在压电晶体表面附着转换电极，并通过射频信号电压来调制，这样就可以在晶体内部产生应力，这就是压电效应。电极上的调制电压可以通过压电效应产生表面声波。声波在晶体表面以纵波的形式传播，引起晶体密度的周期性振荡和折射率的同步改变。图 7.9 是声光调制的原理图。

为了简单起见，我们把调制器表面周期性连续变化的折射率看作为最大和最小折射率的交替变化，如图 7.10 所示。光束在这种结构中传播时满足相位条件

$$2a\sin\theta = \lambda/n \tag{7.22}$$

如果调制射频信号的频率，则上述光栅周期 L 会改变，而满足上述相位条件的入射角 θ 也会改变。因此射频信号频率的改变间接调制了衍射角度，也调制了从衍射光耦合进光纤的强度，实现了声光调制功能。

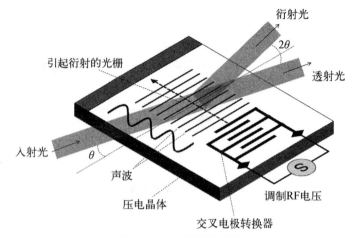

图 7.9　声光调制原理图

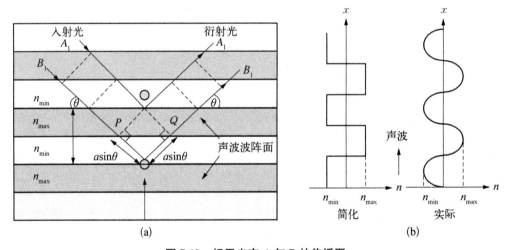

图 7.10　相干光束 **A** 与 **B** 的传播图

7.4　磁光效应

当无源光材料放置在强磁场中,平面偏振波沿着磁场方向传播透过材料时,偏振波的方向会发生旋转,这种现象称为法拉第效应。电场旋转的角度大小为

$$q = JBL \tag{7.23}$$

其中 B 为磁感应强度(特斯拉),L 为磁性介质的长度,J 为维尔德常数(度/特斯拉·单位长度$^{-1}$)。

当一束非偏振光从左边入射进入偏光器后变成偏振光,偏振光进入法拉第介质,在磁场作用下偏振光的偏振面顺时针方向发生 θ 角度旋转,经过输出端的反射镜反射后再次进入法拉第介质。由于法拉第介质对偏振光的旋转方向与光的传播方向无关,偏振光在顺时针方向再次旋转 θ 度,因此反射光与入射偏振器的夹角为 2θ 度(见图 7.11)。当 θ 为 45°时,则反射光不能透过起偏器,达到隔离反射光的目的。

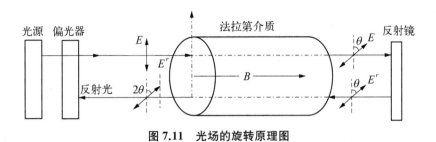

图 7.11　光场的旋转原理图

习　题

1. 假定有一块矩形玻璃厚度(d)为 100 mm,长度(l)为 20 mm,希望利用 Kerr 效应去实现一个相位调制器(如图 7.12 所示)。输入光极化方向与外加电场 E_a 平行,沿着 z 轴方向。试计算产生相变 π 需要的电压。

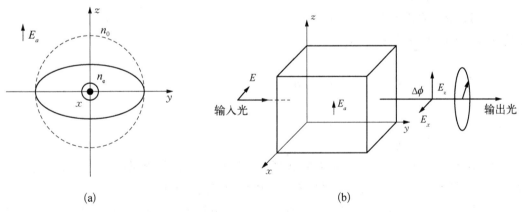

(a)　　　　　　　　　　(b)

图 7.12　相位调制器

2. 如图 7.13 所示,如果场沿着 y 方向,而光沿着 z 方向传播,z 轴是 o 波的偏振方向,而 x 轴是 e 波的偏振方向,光通过 o 波和 e 波进行传播,如 $E_a = V/d$,d 是晶体在 y 方向的厚度,折射率

$$n_o' = n_o + \frac{1}{2} n_o^3 r_{13} E_a , \quad E_e' = n_e + \frac{1}{2} n_e^3 r_{33} E_a$$

证明在晶体输出端 o 波和 e 波的相位差

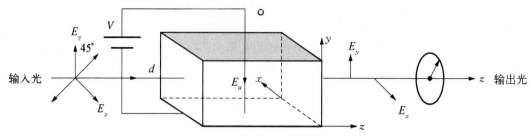

图 7.13 Pockels 晶体结构

$$\Delta\phi = \phi_e - \phi_o = \frac{2\pi l}{\lambda}(n_e - n_o) + \frac{2\pi l}{\lambda}\left[\frac{1}{2}(n_e^3 r_{33} - n_o^3 r_{13})\right]\frac{V}{d}$$

其中 L 是晶体在 z 轴方向的长度。

解释第一项和第二项的物理意义。并说明能否用两个这样的 Pockels 晶体结构消除两个结构总相移中的第一项。

如线性偏振光在 z 方向进入晶体,证明

$$\Delta\phi = \frac{2\pi n_e l}{\lambda}\left(1 + n_e^2 r_{33}\frac{V}{d}\right)$$

3. 一个 $LiNb_2O_3$ 相位调制器,自由空间波长 1 300 nm,两个正交分量 E_x,E_y 相位差为 π 时(半波长),偏置电压为 12 V,d/L 为多少?

d 不能太小,否则入射光在晶体处会发生衍射效应,因此不能透过晶体,考虑衍射效应导致发生衍射的极限厚度

$$d = 2\sqrt{\frac{\lambda L}{n_0 \pi}}$$

晶体长度 $L = 20$ mm,计算 d 和 d/L。

4. 完成以下各项练习。

(1) 画出一个纵向 Pockels 晶体调制器单元结构。其中应用电场沿着光传播方向,都平行于 z 轴(光轴),假设该结构允许光沿着应用电场方向进入晶体。

(2) 假设晶体为单轴 $LiNb_2O_3$,$n_1 = n_2 = n_0$,偏振方向平行于 x 和 y 方向,$n_3 = n_e$,偏振方向平行于 z 方向,忽略在应用电场作用下主轴的变化,新的 o 光折射率为

$$n_0' = n_0 + \frac{1}{2}n_0^3 r_{13} E_a$$

计算波长为 1 000 nm 的半波电压(输出和输入相位差为 π),并确定偏振方向。

已知:在 633 nm 处 $LiNb_2O_3$ 的折射率为 $n_0 = 2.28$,$r_{33} = 9.0 \times 10^{-12}$ mV^{-1}。

(3) 假设晶体为单轴 KDP ($K(H_2PO_4)$,磷酸二氢钾),$n_1 = n_2 = n_0$,偏振方向平行于 x 和 y 方向,$n_3 = n_e$,偏振方向平行于 z 方向,主轴 x 和 y 轴旋转 45°后变成 x' 和 y' 轴,且

$$n_1' = n_0 - \frac{1}{2}n_0^3 r_{63}E_a , \ n_2' = n_0 + \frac{1}{2}n_0^3 r_{63}E_a , \ n_3' = n_3 = n_e$$

计算波长为 633 nm 的半波电压(输出和输入相位差为 π)。

已知：在 633 nm 处 KDP 的折射率为 $n_0 = 1.51$，$r_{63} = 10.3 \times 10^{-12}$ mV^{-1}。

第 8 章　光探测器件基础

8.1　光探测器结构

　　光探测器是将光信号转换成电信号的一种器件。光探测器中的 pn 结材料吸收光子后产生电子空穴对，形成电流或电压。通过测量电流或者电压的大小来探测信号的强弱。还有一些探测器通过吸收光来改变自身的电导或者电阻来实现信号转换。这里我们主要讨论用于信号检测的光电转换器件和原理。

8.1.1　探测器中 pn 结光二极管的原理

　　如图 8.1 所示，在外界光源的照射下，光二极管中产生了电子空穴对（EHP）。通过外部反向偏置偏压，形成电流。电流的大小与入射光强度和偏压相关。输出电压为

$$V_{\text{out}} = V_{\text{o}} + V_r \qquad (8.1)$$

　　V_{o} 为内建电场，V_r 为反向偏置电压。电场只存在于耗尽层中，且在耗尽层中心最强，沿两边递减。耗尽区两侧为中性区，也是载流子的聚集区。

　　当入射光子能量大于二极管带隙时，在耗尽层产生电子空穴对。在外加电场作用下，空穴向着电源负极移动而电子向正极移动，形成光生电流 I_{ph}，经过宽度为 W 的耗尽层后到达中性区，电子空穴分别与电极上的正负电荷复合。

　　光生电流的大小取决于产生的电子空穴对数目和载流子的迁移速率。载流

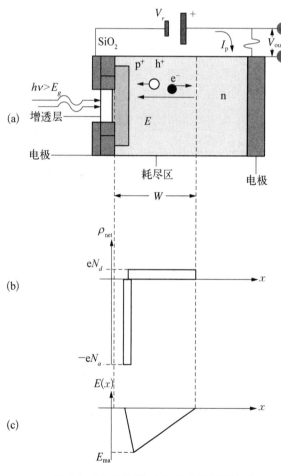

图 8.1　PN 结结构图、电荷分布及场强分布

子的迁移与材料结构和性质有关而电子空穴对数目直接与激发光的强弱相关。

如图 8.2 所示,在 pn 结界面形成空间电荷区。在空间电荷区的正电荷层宽度为 L_n,负电荷层为 L_p,形成内建电压 V_o。由于反向偏置,在空间电荷区两端的电压实际上是 $V_{out} = V_o + V_r$。

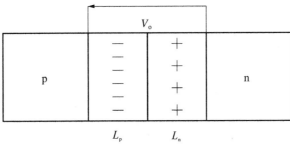

图 8.2　PN 结场强分布推导示意图

由于电场强度梯度与电荷和电势的关系如下

$$\nabla \cdot \hat{E} = \frac{\rho}{\varepsilon}, \ \hat{E} = -\nabla V \tag{8.2}$$

由上式得

$$\frac{\mathrm{d}^2 V}{\mathrm{d}x^2} = \frac{eN_A}{\varepsilon}, \ (-L_p < x < 0)$$

$$\frac{\mathrm{d}^2 V}{\mathrm{d}x^2} = -\frac{eN_D}{\varepsilon}, \ (0 < x < L_n) \tag{8.3}$$

在边界处 $x = -L_p$, $x = L_n$, $E = -\dfrac{\mathrm{d}V}{\mathrm{d}x} = 0$,而且 V, $E = \dfrac{\mathrm{d}V}{\mathrm{d}x}$ 在 $x = 0$ 处是连续的。

对式(8.3)式进行二次积分得到

$$V = \frac{eN_A (x^2 + 2l_p x)}{\varepsilon}, \ (-l_p < x < 0)$$

$$V = -\frac{eN_D (x^2 - 2l_n x)}{\varepsilon}, \ (0 < x < l_n) \tag{8.4}$$

由于

$$V(l_n) - V(-l_p) = V_d + V_a \tag{8.5}$$

$$N_A l_p = N_D l_n \tag{8.6}$$

代入式(8.4)得到

$$V_d + V_a = \frac{e}{2\varepsilon}(N_A l_p^2 + N_D l_n^2) \tag{8.7}$$

将式(8.6)代入式(8.7)得到

$$l_{\mathrm{p}} = \left(\frac{2\varepsilon}{e}\right)^{1/2} (V_d + V_a)^{1/2} \left(\frac{N_D}{(N_A + N_D)N_A}\right)^{1/2} \tag{8.8}$$

$$l_{\mathrm{n}} = \left(\frac{2\varepsilon}{e}\right)^{1/2} (V_d + V_a)^{1/2} \left(\frac{N_A}{(N_A + N_D)N_D}\right)^{1/2} \tag{8.9}$$

式(8.3)积分得到

$$\hat{E} = -\frac{e}{\varepsilon} N_A (x + l_{\mathrm{p}}), \quad (-l_{\mathrm{p}} < x < 0)$$

$$\hat{E} = \frac{e}{\varepsilon} N_D (l_{\mathrm{n}} - x), \quad (0 < x < l_{\mathrm{n}}) \tag{8.10}$$

我们发现当 $x = 0$ 时,电场具有最小值

$$E_{\min} = -2\left(\frac{e}{2\varepsilon}\right)^{1/2} (V_d + V_a)^{1/2} \left(\frac{N_D N_A}{N_A + N_D}\right)^{1/2} = \frac{2(V_d + V_a)}{l_{\mathrm{p}} + l_{\mathrm{n}}} \tag{8.11}$$

外加电压反向偏置后,损耗层变厚,即 l_{p}、l_{n} 都变大。从式(8.7)得知,$V_d + V_a$ 指数变大,因此 $E_{\min}$ 随着外加反向偏置电压和掺杂浓度而增大。

8.1.2 光电流

若二极管总长度为 L,电场强度为 $\hat{E}$,光子吸收的位置为 l。则电子和空穴传输到电极两端的时间分别为

$$t_{\mathrm{e}} = \frac{L - l}{V_{\mathrm{e}}}, \quad t_{\mathrm{h}} = \frac{l}{V_{\mathrm{h}}}, \tag{8.12}$$

在体积 $A(l_{\mathrm{n}} + W + L_{\mathrm{e}})$ 产生的光子数为

$$I_{\mathrm{ph}} = eG_0 A(l_{\mathrm{n}} + W + L_{\mathrm{e}}) \tag{8.13}$$

电子空穴的漂移速率分别为

$$V_{\mathrm{e}} = \mu_{\mathrm{e}}\hat{E}, \quad V_{\mathrm{h}} = \mu_{\mathrm{h}}\hat{E} \tag{8.14}$$

外部电场将电子搬运 $\mathrm{d}x$ 路程所做的功为

$$W = eE\mathrm{d}x = Vi_{\mathrm{e}}\mathrm{d}t \tag{8.15}$$

$$\hat{E} = V/l, \quad \nu_{\mathrm{e}} = \mathrm{d}x/\mathrm{d}t \tag{8.16}$$

则

$$i_{\mathrm{e}}(t) = \frac{eV_{\mathrm{e}}}{L}; \quad t < t_{\mathrm{e}} \tag{8.17}$$

同理可以得到空穴电流

$$i_h(t) = \frac{eV_h}{L}; \ t < t_h \tag{8.18}$$

由于空穴和电子运动有一定的传输寿命,因此在整个过程中,外部电流并不是恒定的,整个电流如图 8.3(d)所示。

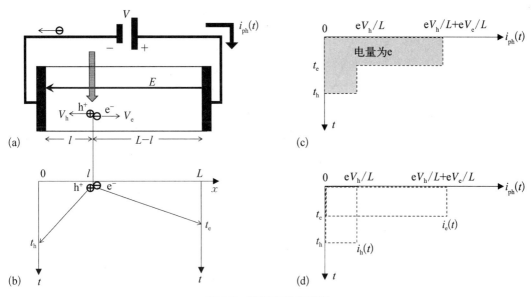

图 8.3 雷姆定律示意图

雷姆理论认为,如果两电极之间的电荷 q 在电场作用下运动到电极,电极间距为 L,电荷运动速率为 v_d,则产生的外部电流为

$$i(t) = \frac{qv_d(t)}{L}; \ t < t_{transit} \tag{8.19}$$

8.1.3 光电二极管材料的吸收系数

光子的能量只有大于材料的光学带隙才有可能被光二极管吸收,产生电子空穴对,光吸收的截止波长为

$$\lambda_g(\mu m) = \frac{1.24}{E_g(eV)} \tag{8.20}$$

即只有波长小于截止波长的光才有可能被吸收。

光进入到半导体后会由于吸收而不断衰减,进入半导体深度为 x 的光强为

$$I(x) = I_0 \exp(-\alpha x) \tag{8.21}$$

其中 α 为吸收系数,与波长有关,I_0 为入射光强。趋肤深度 δ 为光强变为入射光强 $1/e$ 的深度 $\delta=1/\alpha$。

图 8.4 为不同半导体材料吸收系数与波长的关系。

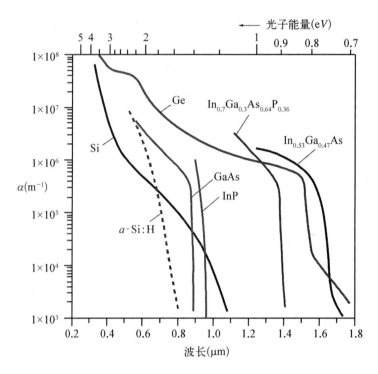

图 8.4　各种半导体材料的吸收系数[6]

对于直接半导体而言,电子直接从价带激发到导带,动量不变,电子的吸收是一个直接的过程,不需要晶格振动提供声子辅助。而对于间接半导体而言,电子跃迁动量发生了改变,需要声子的辅助,声子动量为

$$\hbar\kappa_{cb}-\hbar\kappa_{vb}=\hbar\kappa \tag{8.22}$$

用能量表示为

$$h\nu=E_g\pm\hbar\omega \tag{8.23}$$

其中,E_g 为光学带隙,$\hbar\omega$ 为声子能量(一般小于 0.1 eV)。

如何选择光二极管的材料十分重要。首先,入射光子的能量必须要大于半导体带隙 E_g。其次,对于入射光的吸收应该在耗尽区,这样产生的电子空穴对可以被电场分离后被电极有效收集,如图 8.5 所示。

8.1.4　量子效率和响应度

并非所有入射的光子都能被吸收产生电子空穴对而形成光电流,我们定义光二极管的量子效率为

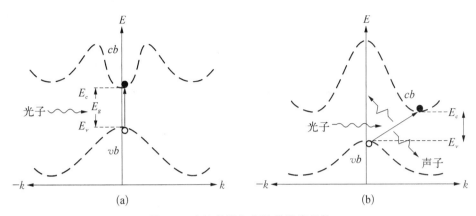

图 8.5 直接带隙与间接带隙半导体

(a) GaAs(直接带隙) (b) Si(间接带隙)

$$\eta = \frac{\text{产生和收集的电子空穴对数}}{\text{入射的总光子数}}$$

产生的电子空穴对为 I_p/e,入射总光子数为 $P_0/h\nu$,因此效率为

$$\eta = \frac{I_p/e}{P_0/h\nu} \tag{8.24}$$

对于光二极管而言,部分光子在表面被吸收而形成的电子空穴对很快复合而损失。由于半导体长度较短而未能充分吸收光子而造成部分光子在电极被吸收而损失,这些都会影响二极管效率而使量子效率小于 1。

我们可以通过减少表面的反射,增加光子在耗尽层的吸收和阻止载流子在非耗尽层的复合来提高量子效率。

响应度定义为产生的光电流与入射光功率的比值

$$R = \frac{I_p}{P_0} = \frac{\eta e}{h\nu} = \eta \frac{e\lambda}{hc} \tag{8.25}$$

对于理想的半导体材料(量子效率 100%)而言,光谱响应度应该随着波长接近 λ_g 而逐渐增大至 1,而由于量子效率不高,实际的响应曲线与理想的曲线相差较大,如图 8.6 所示。

pn 结二极管有两个缺点:耗尽层电容较大,不易实现高频调制;耗尽层太窄,长波长的光在耗尽层外吸收,无法被有效传输至两端电极。这些缺点在 pin 管中得到了克服。pin 管中,本征层较宽,产生的电子空穴对由于扩散作用在本征层复合,在 p 区和 n 区的正负电荷离子,形成势垒,阻止进一步扩散。值得注意的是耗尽层的内建电场并不是均匀的。

图 8.7 是理想 pin 管结构图。图 8.7(a)表示空间电荷区的电荷密度,图 8.7(b)表示内建电场强度,图 8.7(c)表示反向偏置电压下 pin 的工作状态。

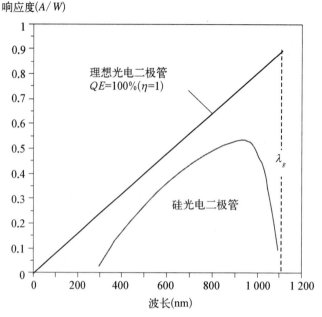

图 8.6　单晶硅材料的响应度曲线

资料来源：参考文献[6]

由不能自由移动的正负离子形成的内建电场，相当于一个电容器，我们形象地称为耗尽层电容，pin 管结电容的大小为

$$C_{dep} = \frac{\varepsilon_0 \varepsilon_r A}{W} \tag{8.26}$$

其中 A 为截面积，$\varepsilon_0 \varepsilon_r$ 为介电常数。

施加反向偏置电压 V_r 且 $V_r \gg V_o$ 时

$$E = E_0 + \frac{V_r}{W} \approx \frac{V_r}{W} \tag{8.27}$$

pin 这种结构使得光子的吸收主要在本征层，产生的电子空穴对在外加电场的作用下分别向正负极运动，pin 管的响应时间为载流子越过本征区进入电极的时间：

$$t_{drift} = \frac{W}{V_d} \tag{8.28}$$

为了减少漂移时间，需要提高电子运动的速率，这可以通过增强电场强度来实现。由 $V_d = \mu_d E$ 可知，随着电场强度的增加，漂移速率会随之增加，但是这种线性增长只是在较弱的电场下才有效的。当场强到达一定强度时，漂移速率趋向饱和，不再随电场增强而增大。对于 Si 而言，其电子和空穴的迁移速率与场强的关系如图 8.8 所示。

反向偏置下 pin 管的电子迁移如图 8.9 所示。

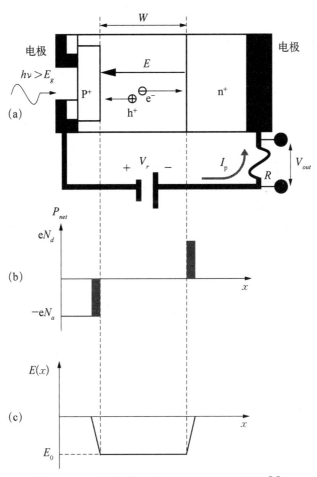

图 8.7　pin 光探测器特性和光电流形成示意图[6]

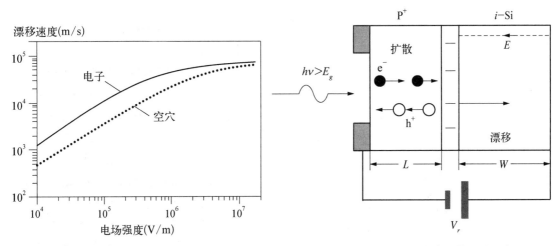

图 8.8　电子与空穴迁移率随电场强度变化关系
资料来源：参考文献[6]

图 8.9　反向偏置下 pin 中电子的迁移示意图

8.2　雪崩二极管

8.2.1　二极管结构

雪崩二极管 n 区很薄,作为小窗口层。p 区是由三层不同掺杂浓度的 p 型半导体组成:第一层是很薄的 p 区,第二层是较厚的轻掺杂 p 区(π 层),第三层是重掺杂 p 区。

光子的吸收主要是在 π 层。π 层的电场较均匀,在外加电场作用下,电子向第一层 p 区移动,受到更大场强的作用,获得足够的能量而使部分硅原子电离,电离后的电子空穴对继续被电场加速而促使更多的硅原子电离,产生雪崩效应。这种内部增益我们称为雪崩电离过程,这样进入 p 区的电子可以产生很多电子空穴对而增大电流。这种内部增益机制使得二极管的量子效率超过 1。

雪崩区的载流子倍增效率与该区域的电场强度,即反向偏置电压大小相关。APD 的雪崩倍增因子 M 定义为

$$M = \frac{I_{ph}}{I_{ph0}} \tag{8.29}$$

由于倍增效率直接与反向偏置电压有关,因此增益因子也可以表示为

$$M = \frac{1}{1 - \left(\dfrac{V_r}{V_{br}}\right)^n} \tag{8.30}$$

其中,V_{br} 为雪崩截止电压,V_{br} 和 n 与温度有关。

雪崩效应的机制如图 8.10 所示。其中图(a)是雪崩二极管原理示意图,图(b)是电荷分布图,(c)是电场分布。

这种简单的雪崩二极管有一个明显的缺陷就是 np 接触区域边界处比中心更容易达到截止电压,结果使边界处的暗电流得到了倍增而影响雪崩二极管效率。为了保证雪崩二极管的均匀放大效应,在 n 区需要做一个保护环。图 8.11 为电子空穴对雪崩过程

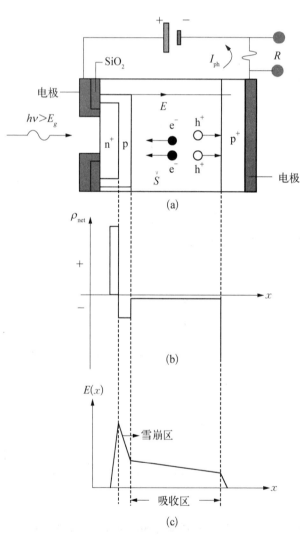

图 8.10　雪崩二极管工作原理

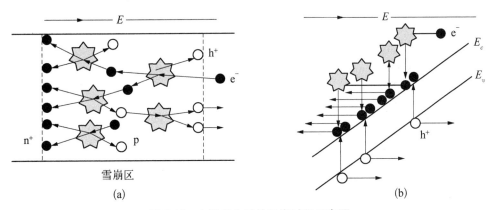

图 8.11　电子空穴对的雪崩过程示意图

示意图。

8.2.2　异质结构二极管

由于光纤通信的需要，常用异质结二极管来放大信号。雪崩二极管的光吸收和载流子倍增处于不同的区域中。图 8.12 为常见的 InP – InGaAs 异质结二极管。

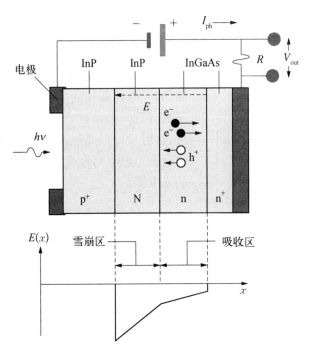

图 8.12　异质结雪崩二极管结构和电场示意图

n – InGaAs 中产生的空穴，在外加电场的作用下进入 n – InP，然而 n – InGaAs 和 InP 的带隙不同，在两者的交界处，空穴很难直接穿过能量壁垒 ΔE_v。可以通过在两者之间加入一层很薄的 N – InGaAsP，起到能带修饰作用，便于空穴穿越，如图 8.13(b) 所示。

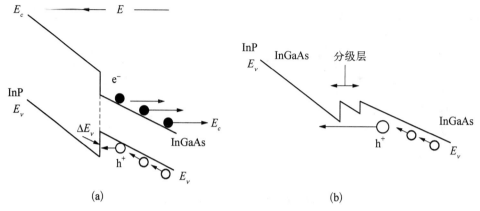

(a)   (b)

图 8.13 改良的异质结雪崩二极管结构示意图

8.2.3 光三极管

光三极管是作为光检测的三极管。三极管具有电流放大效应,原理如图 8.14 所示。三极管中只有空间电荷区中存在电场,若基极电流为 I_{ph0},则外部电路输出电流为

$$I_{ph} \approx \beta I_{ph0} \tag{8.31}$$

当光入射到基极和集电极之间的空间电荷区时产生电子空穴对,在电场的作用下,空穴向基极流动,而电子向集电极流动。空穴流动到基极时,空穴的复合时间大大长于它在基极的扩散时间,为了保持基极的电中性,在发射极中大量的电子通过空间电荷区(SCL)流动而与基极中的空穴复合,但只有少部分电子能与空穴成功复合,大量的电子穿过空间电荷区到集电极后形成一个放大的光电流。

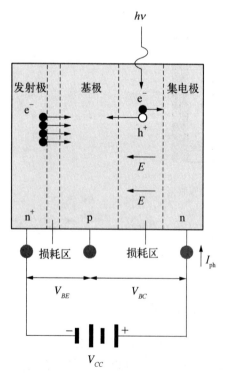

图 8.14 光三极管工作原理

8.2.4 光导探测器和光导增益

光导探测器结构简单,如图 8.15(a)所示,两个电极接一块半导体,入射光被半导体吸收,产生电子空穴对,提高了半导体的导电性,从而增大了电路中的电流。

探测器的光导增益是由于吸收的光子能够产生多个电子形成的。如图 8.15(b)和图 8.15(c)所示,在一个外界光子的照射下,半导体中产生了电子空穴对,在外加电场作用下,电子空穴分离,分别向正负极运动。而电子的迁移速率远大于空穴的速率,于是电子先到达电池正极。由于半导体必须

维持电中性,因此,电池负极中必须尽快有新的电子进入半导体,直到空穴到达电池负极或者与电子复合。这样在一个光子作用下,就可能产生多个电子,实现倍增效应。

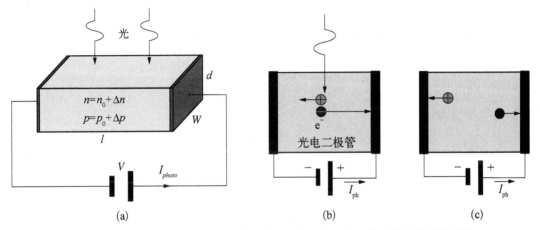

图 8.15　光电子导电增益过程示意图模型和电子与空穴在光电导中的迁移过程

若 Γ_{ph} 表示单位时间单位面积的光子数,则 $\Gamma_{ph} = I/h\nu$,因此单位时间单位体积产生的电子空穴对数为

$$g_{ph} = \frac{\eta\Gamma_{ph}}{d} = \frac{\eta\dfrac{I}{h\nu}}{d} = \frac{\eta I\lambda}{hcd} \tag{8.32}$$

假设任意时刻电子的浓度为 n,热平衡下电子的浓度为 n_0,则 $\Delta n = n - n_0$ 表示过剩电子浓度。因此:

$$\frac{\mathrm{d}\Delta n}{\mathrm{d}t} = g_{ph} - \frac{\Delta n}{t} \tag{8.33}$$

t 为过剩电子的平均复合时间。当到达稳定状态后

$$\frac{\mathrm{d}\Delta n}{\mathrm{d}t} = g_{ph} - \frac{\Delta n}{t} = 0 \tag{8.34}$$

因此

$$\Delta n = tg_{ph} = \frac{t\eta I\lambda}{hcd} \tag{8.35}$$

半导体电导率的变化为

$$\Delta s = e\mu_e\Delta n + e\mu_h\Delta p = e\Delta n(\mu_e + \mu_h) \tag{8.36}$$

因此光生电流大小为

$$J_{ph} = \Delta s\frac{V}{l} \tag{8.37}$$

光生电流的速率为

$$r_{ph} = \frac{I_{ph}}{e} = \frac{wdJ_{ph}}{e} = \frac{\hbar I w \lambda \tau (\mu_e + \mu_h) E}{\hbar c} \tag{8.38}$$

我们知道光生电子空穴对（EHP）的速率为

$$r_{EHP} = V g_{ph} = wl\,\frac{\hbar Il}{hc} \tag{8.39}$$

因此，光导增益为

$$G = \frac{r_{ph}}{r_{EHP}} = \frac{t(\mu_e + \mu_h)E}{l} \tag{8.40}$$

电子和空穴的传输时间分别为

$$t_h = l/(\mu_h E),\ t_e = l/(\mu_e E) \tag{8.41}$$

代入到式(8.40)有

$$G = \frac{\tau}{t_e} + \frac{\tau}{t_h} = \frac{\tau}{t_e}\left(1 + \frac{\mu_h}{\mu_e}\right) \tag{8.42}$$

根据上式我们可以通过提高过剩电子寿命,缩短电子空穴在半导体中的传输时间来提高增益。

8.3 探测器噪声

8.3.1 光探测器噪声

探测器能检测出的最弱信号是由探测器两端的电压和电流波动范围决定的。pn 结反向偏置时,暗电流的大小表示热噪声产生的电子空穴对数量大小。如果暗电流大小不变,那么探测器电流的任意变化,都会被探测器检测到。然而暗电流并不是稳定的,而是有一定的热噪声,这是由于载流子通过二极管的时间波动而引起的,这造成了输出电流的波动变化。

我们用散弹噪声表示暗电流的波动,其大小为

$$i_{n\text{-}dark} = [2eI_d B]^{1/2} \tag{8.43}$$

其中 B 表示检测器的频谱宽度。光电流的信号必须要大于散弹噪声的信号,才能被识别。

光电流的产生是光子与价带电子的作用所致,到达探测器吸收窗口的光子数是随机波动的。这种波动带来光电流的变化称为量子噪声,我们用下面的式子表示其大小

$$i_{n\text{-}quantum} = [2eI_{ph} B]^{1/2} \tag{8.44}$$

散弹噪声和量子噪声是 pn 结主要的噪声来源。由于上述两种噪声是两种独立的过程,

因此总的噪声大小为

$$i_n = [2e(I_d + I_{ph})B]^{1/2} \tag{8.45}$$

为了测量检测器内电流的大小,我们通常将产生的电流通过负载 R,并测量输出电压。在接收端我们更关心信噪比(SNR),对于纯粹的光检测器,SNR 就是 i_{ph}^2/i_n^2。而接收器中的 SNR 包括检测器的噪声,还包括电阻的噪声。

等效噪声功率(NEP)是光检测器的一项重要指标,它表示在给定波长、给定带宽为 1 Hz 的条件下,光生电流与噪声电流同样大小时所需的光信号功率大小。我们假定入射功率为 P_0,响应度为 R,则光电流为:

$$I_{ph} = RP_0 \tag{8.46}$$

光电流与噪声电流相等

$$RP_0 = [2e(I_d + I_{ph})B]^{1/2} \tag{8.47}$$

变换等式后

$$\frac{P_1}{B^{1/2}} = \frac{1}{R}[2e(I_d + I_{ph})]^{1/2} \tag{8.48}$$

则有

$$\text{NEP} = \frac{P_1}{B^{1/2}} = \frac{1}{R}[2e(I_d + I_{ph})]^{1/2} \tag{8.49}$$

对于光检测器,外接检测电阻 R 的平均热噪声为 4 KTB。

根据定义可以得到信噪比

$$\frac{S}{N} = \frac{I_{ph}^2 R}{i_n^2 R + 4k_B TB} = \frac{I_{ph}^2}{[2e(I_d + I_{ph})B] + \dfrac{4k_B TB}{R}} \tag{8.50}$$

图 8.16 演示了具有散粒噪声的检测器的电流随时间的变化和光检测电路的结构。

8.3.2　雪崩二极管的噪声

按照上述定义,雪崩二极管噪声与光二极管噪声的表达类似

$$i_{n\text{-}APD} = M[2e(I_{do} + I_{pho})B]^{1/2} = [2e(I_{do} + I_{pho})M^2 B]^{1/2} \tag{8.51}$$

由于雪崩噪声离子化过程并不均匀,考虑到这种不均匀带来的噪声的变化影响了倍增因子,APD 的噪声为

$$i_{n\text{-}APD} = [2e(I_{do} + I_{pho})M^2 FB]^{1/2} \tag{8.52}$$

其中 $F = M^x$。

而对于不同的材料,x 取不同值

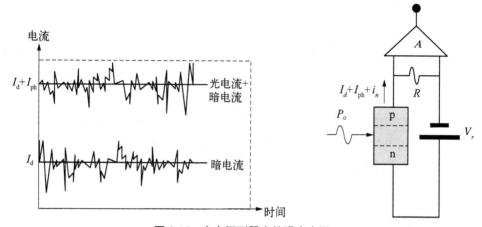

图 8.16　光电探测器中的噪声来源

$$x = 0.3 \sim 0.5, \text{Si}$$
$$x = 0.7 \sim 1.0, \text{Ge} \tag{8.53}$$

因此,雪崩二极管的信噪比为

$$\frac{S}{N} = \frac{M^2 I_{\text{pho}}^2}{\left[2e(I_{\text{do}} + I_{\text{pho}})M^{2+x}B\right]} \tag{8.54}$$

习　题

1. 考虑两个商业级 pin 光电二极管 A 和 B,均归类为快速响应 pin 光电二极管,它们的响应曲线如图 8.17 所示。响应曲线中的差别源于器件结构的不同,光感区域为 0.125 mm²(直径 0.4 mm)。

（1）当它们被 450 nm 的蓝光照射,光强为 $1\,\mu\text{W cm}^{-2}$,计算它们产生的光电流。每个器件的 QE 是多少?

（2）当它们被 700 nm 的红光照射,光强为 $1\,\mu\text{W cm}^{-2}$,计算它们产生的光电流。每个器件的 QE 是多少?

（3）当它们被 1 000 nm 的红外光照射,光强为 $1\,\mu\text{W cm}^{-2}$,计算它们产生的光电流。每个器件的 QE 是多少?

（4）由此,你得到的结论是什么?

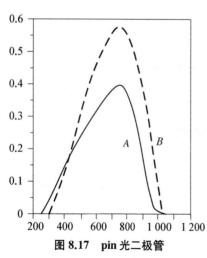

图 8.17　pin 光二极管

2. 考虑一个 InGaAs pin 光二极管,其接收机电路如图 8.18 所示,负载电阻为 30 kΩ,探测器和放大器输入端的总电容为 20 pF,二极管的暗电流为 1 nA,输入信号功率为 6 nW(在

1 550 nm),其响应度为 0.9 A · W^{-1}。如放大器无噪声,计算在 27℃时的 SNR。

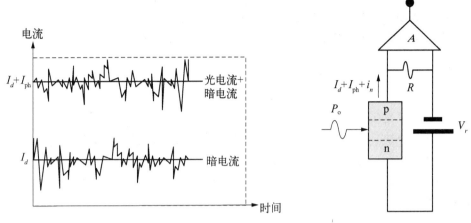

图 8.18 InGaAs pin 光二极管

3. 考虑一个商用 1 550 nm InGaAs 通信探测器,其参数如下:感应区域直径为 75 μm,暗电流为 0.7 nA,在 1 550 nm 的响应度为 0.75 A · W^{-1},过剩噪声因子测得在放大倍数 $M=10$ 时为 3.5。如操作波长为 1 550 nm,APD 的放大倍数为 $M=10$,当与外部负载相连时其带宽为 2 GHz。

(1) 求出 $M=1(B=1$ Hz)时噪声等价光功率(NEP)。

(2) 当 APD 操作在 $M=10$ 时噪声等价光功率为多少?

(3) 在 $M=1$ 时 SNR=10 的情况下输入光功率为多少?

4. 一个特殊需求的光探测器由 InGaAs 材料组成,其带宽为 2 GHz,在 30℃时其暗电流为 6.0 nA,在 1 550 nm 的最低信号强度是 5 nW,响应度是 0.95 AW^{-1}。

(1) 计算 30 度时的 SNR(dB)。

(2) 当探测器温度降到-30℃时,其暗电流为 0.1 nA,响应度不变,此时 SNR 为多少?

(3) 如果探测器操作带宽为 20 MHz,在-30℃时 SNR 是多少?

5. 下表为几个 InGaAs PIN 二极管在不同光照面积下的等价噪声功率(NEP)。

(a) 画出暗电流与面积 A 之间的关系(对数-对数图),指出直线斜率的物理意义。

(b) 画出 NEP 与面积 A 之间的关系(对数-对数图),指出直线斜率的物理意义。

表 8.1 在-10℃时 InGaAs 的物理意义

A	0.785	3.14	7.07	19.6
Dark current (nA)	0.07	0.3	1	2.5
NEP ($\diamond 10^{-15}$ W/Hz)	5	10	20	30

6. 完成以下各题。

(1) 证明 Ge 和 InGaAs 探测器的等价噪声功率(NEP)

$$NEP = \frac{P_1}{B^{1/2}} = \frac{hc}{\eta e \lambda} \left[2e(I_d + I_{ph}) \right]^{1/2}$$

如何改进 NEP？如果操作波长为 1 550 nm，一个理想探测器的 NEP 是多少？

（2）给定探测器的暗电流为 I_d，证明当 SNR＝1 时光电流为

$$I_{ph} = eB \left[1 + \left(1 + \frac{2I_d}{eB} \right)^{1/2} \right]$$

相应的光功率是多少？

（3）考虑一个快速响应的 GePN 结，光照面积直径为 0.3 mm，反向偏置暗电流为 0.5 MA，峰值响应度在 1 550 nm 处而且为 0.50 AW^{-1}。探测器和放大电路带宽为 100 MHz。

计算峰值波长处的 NEP，找到最小光功率和最小光强（SNR＝1 时对应的），如何改进最小可探测光功率？

第9章 光伏器件基础

太阳能是取之不尽用之不竭的清洁能源。全世界都在研究如何将太阳能转换成电能、如何将太阳能储存起来。本章将介绍太阳能转换成电能的器件——光伏器件的基本原理。首先介绍太阳光谱,然后推导描述光伏器件转换效率的二极管方程,以及温度对光伏器件效率的影响,最后介绍影响太阳能转换效率的因素。

9.1 光伏器件原理

9.1.1 太阳能谱

图 9.1 为不同入射条件下,太阳光谱和黑体辐射谱的比较。

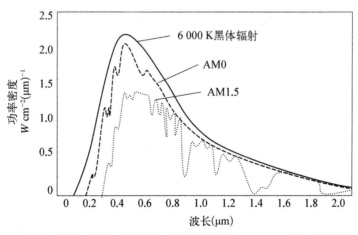

图 9.1 在大气层外以及地球表面的太阳能辐射谱与 6 000 K 下的黑体辐射谱[6]

AM0 表示宇宙空间中太阳光的辐射强度,表示大气层上垂直于单位面积上所接收的太阳光功率;AM1 表示太阳光透过大气层,处于地球表面正上方时所接收的太阳辐射强度;AM1.5 表示太阳处于一定的倾斜角度入射到地球表面的辐射强度,1.5 表示太阳光透过大气层的厚度为垂直入射大气层时光程的 1.5 倍。

与 AM0 相比,AM1.5 在某些波长上具有强烈的吸收峰,这是由于大气中水分子、氧气分子等对这些光的散射和吸收作用。波长越短,散射效果越明显。

由图 9.2 可知,光伏器件在一天中接收的辐射强度不是均匀的而是随着照射角度而变化的。我们可以通过调整器件接收角度,使光照接收最大。

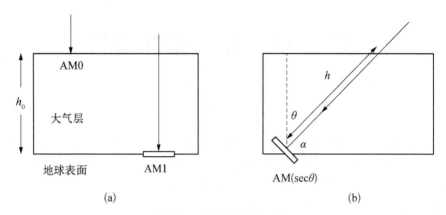

(a)   (b)

图 9.2   光伏器件接收光照

(a) 太阳光到地球表面的入射角度 θ 的影响   (b) 辐射强度因散射减弱并且产生漫反射

9.1.2   光伏器件原理

图 9.3 表示光伏器件在一定的光照条件下产生光电流的原理示意图。

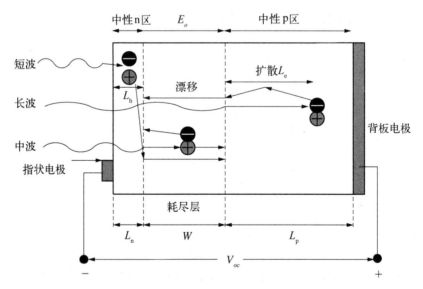

图 9.3   太阳能电池的工作原理

较短波长的光子在电池 n 区被吸收,产生电子空穴对,空穴因浓度梯度作用而扩散到空间电荷区的 p 区边缘,然后再浓度梯度的作用下继续扩散到中性 p 区的电极。在 n 区产生的电子在 n 区聚集。在空间电荷区吸收的光子产生电子空穴对后,因内建电场的作用空穴移动到中性的 p 区然后继续扩散到电极,电子移动到中性的 n 区然后继续扩散到 n 区的电极。较长波长的光子在电池中性 p 区被吸收,产生电子空穴对,空穴因浓度梯度作用而扩散到 p 区的电极,电子在浓度梯度的作用下扩散到空间电荷区后受内建电场的作用移动到 n 区边缘,然后受浓度梯度作用扩散到中性 n 区的电极。

更长波长的光子由于能量不足以激发产生电子空穴对而未被电池收集。虽然原理上太阳电池可以吸收大于带隙的光子,但是实际上电池对不同的光子响应能力不同。如图9.3所示,对于在空间电荷区(耗尽层)吸收的光子,其效率要比中性区的高,这是由于中性区没有电场,产生的电子空穴对(EHP)只有通过扩散进入电极;其次,电子和空穴寿命有限,在电池中不能扩散足够远,在表层产生的电子空穴对很大一部分会无法到达电极而再次复合。另外,表面态存在较多的缺陷,容易俘获电子空穴对而不能有效地形成电流。

对于硅的 pn 结电池,采用 n 区重掺是基于空穴扩散距离短,表面产生的空穴可以通过扩散进入耗尽区,尽量提高 EHP 的收集效率。

电池表面电阻对电池效率有较大的影响,很多电池结构的设计都为了减少表面串联电阻的影响,而采用指纹电极。线型的电极设计既避免了较大的电极对光吸收的影响,又减少了表面形成的电阻,同时细小的分支电极又能有效地收集到达表面的空穴。

对于短波长的光在 n 区产生的电子空穴对,只有产生区域离耗尽区的距离小于 L_h 才能进入耗尽区。而对于长波长的光子($1.0\sim1.2\ \mu m$),硅的吸收系数较小,电子和空穴在该区扩散长度大,因此 p 区较宽。

硅材料的带隙为 $1.12\ eV$,对应的波长为 $1\ 100\ nm$。因此波长大于 $1\ 100\ nm$ 的光不能被利用而浪费掉,这部分能量占光谱的 20%。此外,短波长的光子在电池表面吸收,而表面的缺陷态较多,使得大多数产生的电子空穴对被复合而损失,其复合率高达 40%。此外减反层对吸收的影响,载流子在中性区的收集效率等因素使作为光伏材料的 Si 太阳电池效率只有 24%~26%。

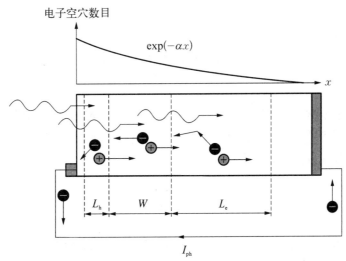

图9.4 在体积 L_h+W+L_e 内产生电子空穴对而形成光电流 I_{ph} 的示意图

9.2 pn 结光伏器件伏安特性

设 G_0 为电池表面光生载流子的速率, A 为电池的有效表面积,如果不考虑表面复合的影响,光生电流的大小为

$$I_{ph} = \frac{eG_0 A}{\alpha}\{1 - \exp[-\alpha(l_n + W + L_e)]\} \tag{9.1}$$

当 $\alpha(l_n + W + l_e)$ 很小时,光生电流可以近似为

$$I_{ph} = eG_0 A(l_n + W + L_e) \tag{9.2}$$

如果将 pn 结电池连接到外电路负载上,如图 9.5 所示,在外界光照下,当负载短路时,电路中电流的大小为光生电流的大小 I_{ph},但方向与光生电流相反。电池产生的电流大小直接与入射光强相关

$$I_{sc} = -I_{ph} = -KI \tag{9.3}$$

其中, K 为照射系数,与具体的器件有关。

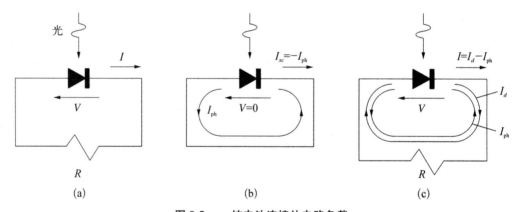

图 9.5 pn 结电池连接外电路负载

(a) 太阳能电池连接外部负载 R (b) 电路短路情况   (c) 太阳能电池连接外加负载 R,并且有电压 V 和电流 I 输出

当外部电路电阻 R 不为零时,电流通过电阻会形成一定的反向偏置电压而影响 pn 结的少数载流子注入和扩散。这样除了光生电流外,电路中还有二极管的正向偏置电流 I_d,由二极管的性质可知,偏置电流大小为

$$I_d = I_0\left[\exp\left(\frac{eV}{nk_B T}\right) - 1\right] \tag{9.4}$$

其中 I_0 为反向饱和电流的大小,而 n 是与二极管材料与结构特性相关的因子($n = 1 - 2$),由图 9.5(c)可知,通过电池的电流大小为

$$I = -I_{ph} + I_0 \left[\exp\left(\frac{eV}{nk_BT}\right) - 1 \right] \tag{9.5}$$

当外接电阻 R 时,输出电流为

$$I = -\frac{V}{R} \tag{9.6}$$

图 9.6 给出了电池的 $I\text{-}V$ 特性曲线,电流的大小为暗电流和光电流之和。特性曲线与 V 轴的交点为开路电压,而电流的大小与光照强度有关。

图中短路电流为 I_{ph},开路电压是 V_{oc}。得到正向电流需要外加偏置电压,光伏特性工作在反向电流区。

当外接电阻时,通过电阻的电流和电阻两端的电压与电池的电流和电压相等,因此整个电路的电流和电压必须同时满足 $I\text{-}V$ 特性曲线和电阻特性曲线,联立两个方程可以得到对应的电路电流和电

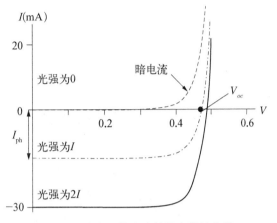

图 9.6　硅太阳能电池的伏安特性曲线

压。这种超越方程解决起来较为复杂,更直接的方式是通过特性曲线相交的方式来直接得到对应的电流和电压。

由图 9.7(a)可知当太阳能电池驱动外电阻 R 时,R 与电池有同样的电压特性曲线,电流则与常规方向相反,由高到低。图 9.7(b)回路中的电压电流线性关系,P 点是工作点。

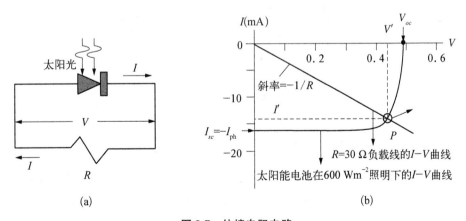

图 9.7　外接电阻电路

电路中的电流和电压很容易通过添加负载线的方式获得,负载为电阻时,$I\text{-}V$ 特性为线性关系,如图 9.7(b)所示。负载线与电池特性曲线的交点即为对应的电路电流和电压。电路输出功率为

$$P = I'V' \tag{9.7}$$

上述功率在图 9.7(b)中表示为虚线对应的面积。最大功率点对应的是最大的矩形面积 $I' = I_m$，$V' = V_m$。此时,开路电压和短路电路分别为 I_{sc}，V_{oc}。填充因子定义为最大功率点出的输出功率与开路电压短路电流乘积的比值

$$FF = \frac{I_m V_m}{I_{sc} V_{oc}} \tag{9.8}$$

填充因子是衡量电池 I-V 特性曲线与矩形相似程度的指标,通常 FF 的范围为70%~85%,由电池的材料和结构决定。

9.3 串联和并联电阻等效电路

实际的 pn 结电池并非理想的元件。如图 9.8 所示,耗尽层和中性区产生的电子空穴对在到达电极之前,会经过表面区域的收集,表面缺陷会引入部分电阻,而且收集电极越窄,电阻越大。部分光生电流也可能流经电池表面而不经过外部电路,这可以等效为外部并联的电阻。图 9.9 表示的是考虑电阻后的电池等效电路。

单个太阳能电池的等效电路如图 9.9 所示。

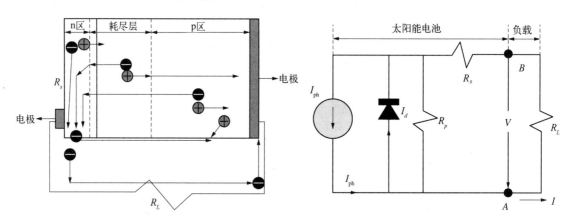

图 9.8 串联和并联电阻和光生 EHP 的变化   图 9.9 太阳能电池的等效电路

串联电阻会严重影响太阳电池的效率。除了会减少负载的电压外,串联电阻会影响 I-V 特性曲线的线形。当内阻过大时,还会降低电路电流的大小。而并联电阻会降低开路电压。不同的串联电阻对电池伏安特性曲线的影响如图 9.10 所示。

当两个完全相同的电池并联时,可以看做是两个电池在独立工作,总输出电流为电池单独工作的电流之和,输出电压为单个电池的工作电压,因此伏安特性曲线如图 9.11 所示。

两个电池并联后电阻为单个电池电阻的一半($R_s/2$),电流为两者之和($2I_{ph}$)。电流电压满足下列方程:

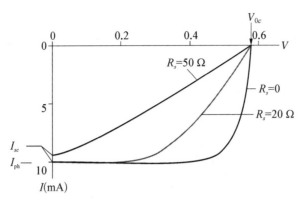

图 9.10 并联电阻加宽伏安特性曲线,减小最小功率、
进而减小太阳能电池效率

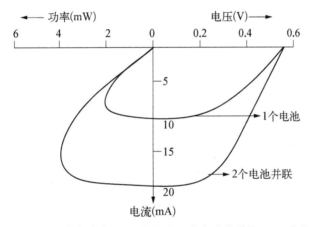

图 9.11 一个电池的 I-V 曲线和两个电池并联的 I-V 曲线

$$\frac{1}{2}I = -I_{\text{ph}} + I_o \exp\left(\frac{V - \frac{1}{2}IR_s}{\eta k_{\text{B}} T}\right) - I_o \tag{9.9}$$

并联电路的等效电路如图 9.12 所示。

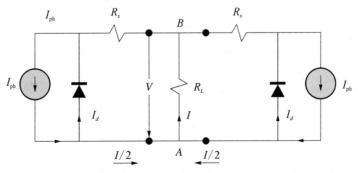

图 9.12 在同样的光照条件下两个相同太阳能电池驱动同一个电阻

9.4 温度效应

太阳能电池的效率与工作温度有着密切的关系。随着温度的升高,短路电流变化不大,电池的开路电压会逐渐下降。因此保证电池在恰当的温度下工作也是保持电池效率的重要因素。

从前面所知,当 $V_{oc} > k_B T/e$ 时,电池的开路电压近似为

$$V_{oc} = \frac{nk_B T}{e} \ln\left(\frac{I_{ph}}{I_0}\right) \tag{9.10}$$

代入 $I_{ph} = -KI$ 有

$$V_{oc} = \frac{nk_B T}{e} \ln\left(\frac{KI}{I_0}\right)$$

$$\frac{eV_{oc}}{nk_B T} = \ln\left(\frac{KI}{I_0}\right) \tag{9.11}$$

对于掺杂 pn 结有

$$n_i^2 = N_c N_u \exp(-E_g/k_B T) \tag{9.12}$$

假定 $n = 1$,在不同的温度下,我们有

$$\frac{eV_{oc2}}{k_B T_2} - \frac{eV_{oc1}}{k_B T_1} = \ln\left(\frac{KI}{I_{02}}\right) - \ln\left(\frac{KI}{I_{01}}\right) = \ln\left(\frac{I_{02}}{I_{01}}\right) \approx \ln\left[\frac{n_{i1}^2}{n_{i2}^2}\right] \tag{9.13}$$

$$n_i^2 = N_c N_u \exp(-E_g/k_B T) \tag{9.14}$$

将式(9.14)代入式(9.13)有

$$\frac{eV_{oc2}}{k_B T_2} - \frac{eV_{oc1}}{k_B T_1} = \frac{E_g}{k_B}\left(\frac{1}{T_2} - \frac{1}{T_1}\right) \tag{9.15}$$

因此可得

$$V_{oc2} = V_{oc1}\left(\frac{T_2}{T_1}\right) + \frac{E_g}{e}\left(1 - \frac{T_2}{T_1}\right) \tag{9.16}$$

对于给定温度下的电池开路电压,我们可以由此知道当温度变化时,开路电压会如何随之变化。

习 题

1. 考虑两个相同太阳能电池组成的并联电池系统,其等效电路如图 9.12 所示。

（1）证明

$$I = -I_{ph} + I_{diode} + V/R_p = -I_{ph} + I_0 \left[\exp\left(\frac{eV}{\eta k_B T} \right) - 1 \right] + V/R_p$$

（2）作图画出多晶硅太阳能电池 I-V 关系，其中 $\eta = 2$，$I_0 = 3 \times 10^{-4}$ mA，$I_{ph} = 5$ mA，$R_p = \infty$，1 000 Ω，然后 $R_p = 100$ Ω，对曲线进行比较。

2. 考虑一个太阳能电池，$\eta = 1.5$，$I_0 = 30 \times 10^{-6}$ mA，如减反层导电率为零（$R_s = \infty$），光电流 $I_{ph} = 9.0$ mA。作图画出当 $R_s = 0$，40，90 Ω 时多晶硅太阳能电池 I-V 关系，并分析 R_s 对填充因子和转化效率的影响。

3. 一单晶硅太阳能电池在温度 293 K 时开路电压为 0.55 V，计算在 333 K 时的开路电压，单晶硅的带隙为 1.1 V。

第10章 介质波导

介质波导是集成光电子器件的基础。高密度、大规模集成光电子器件需要集成在单片波导上,如激光器和调制器的集成。本章介绍光波导的导波模式、色散等基本概念和色散关系的推导。

10.1 平面介质板波导

10.1.1 导波条件

为了很好的理解电磁波在波导中的传播,我们考虑图 10.1 所示的平面介质波导的工作原理。

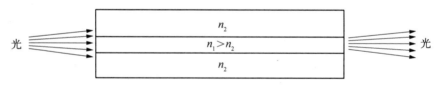

图 10.1 波导的工作原理

平面介质波导芯层折射率 n_1,包层折射率 n_2。波导横向无限宽,芯层厚度 $2a$。单色光源从介质波导一端入射。

对于上述波导,波导芯层介质的折射率大于上下两层平板包层的折射率,当入射角大于临界角时,为电磁波在波导中传播创造了必要条件。

但是波导条件的满足并不能保证电磁波在波导中进行稳定的传输。除了全反射条件外,波导中的电磁波必须满足一定的相位条件才能使电磁波在传播过程中不会相互干涉相消。为此,我们进一步来分析传播过程中波导需要满足的相位条件。

让我们考虑一束平面波以入射角 θ 在介质波导中传输,如图 10.2 所示。电场沿 x 轴方向,与传播方向 z 垂直,虚线为电磁波的等相位面。为了保证该电磁波在传播方向上相干增强,等相位面上对应的点 A 和 C 处的相位应该相差 $m(2\pi)$,考虑到电磁波在上下界面处反射带来了额外附加相位 $-\phi$,因此关系式满足

$$\Delta\phi(AC) = k_1(AB + BC) - 2\phi = m(2\pi) \tag{10.1}$$

由几何关系可以得到

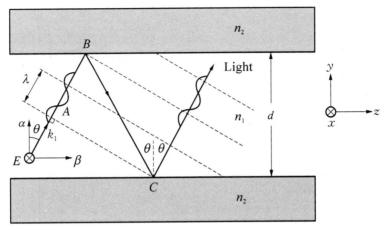

图 10.2 光束在波导中传播

$$AB + BC = BC\cos(2\theta) + BC = d\cos(\theta) \tag{10.2}$$

波导中传播的光束必须自干涉相长,否则干涉相消将破坏波的传播。因此,我们有波导条件

$$k_1\big[d\cos\theta\big] - 2\phi = m(2\pi) \tag{10.3}$$

将波矢 k_1 转换为波长后 (10.3) 式变为

$$\left[\frac{2\pi n_1(d)}{\lambda}\right]\cos\theta_m - \phi_m = m\pi \tag{10.4}$$

其中 θ_m 为入射角,ϕ_m 为与入射角对应的附加相位,而且 ϕ_m 是 θ_m 的函数,参考公式 (1.77) 和 (1.78)。

如果我们考虑到入射光束为两束同相位的光 (如下所示),我们可以得到同样类似的结论。我们假设波列沿 y 和 z 轴的传播常数分别为 k_m,β_m,则

$$k_m = k_1\cos\theta_m = \left(\frac{2\pi n_1}{\lambda}\right)\cos\theta_m \tag{10.5}$$

$$\beta_m = k_1\sin\theta_m = \left(\frac{2\pi n_1}{\lambda}\right)\sin\theta_m \tag{10.6}$$

图 10.3 所示两束光在反射后也必须保持同相位,否则两者干涉相消将导致光线不能传播。

两光线互相干涉导致光波沿 y 方向形成驻波,沿 z 方向形成行波,如图 10.4 所示。

由波导条件和下式可以得到相位条件

$$\phi_m = (k_1 AC - \phi_m) - k_1 A'C = 2k_1(d/2 - y)\cos\theta_m - \phi_m \tag{10.7}$$

将 (10.4) 式代入可以得到

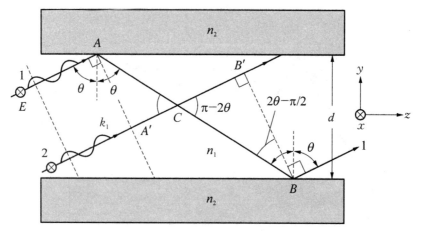

图 10.3   初始相位相同的两束光

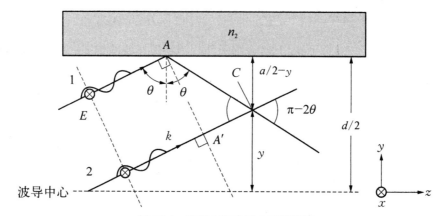

图 10.4   光线 1 和光线 2 相互干涉

$$\phi_m = \phi_m(y) = m\pi - \frac{2y}{d}(m\pi + \phi_m) \tag{10.8}$$

如图 10.4 所示,若入射的电磁波场强为 E_1,可以表示为

$$E_1(y, z, t) = E_0\cos(\omega t - \beta_m z - k_m y) \tag{10.9}$$

经反射后电场为

$$E_2(y, z, t) = E_0\cos(\omega t - \beta_m z + k_m y - \phi_m) \tag{10.10}$$

反射波与入射波相互干涉后的电场为

$$E(y, z, t) = 2E_0\cos\left(k_m y + \frac{1}{2}\phi_m\right)\cos\left(\omega t - \beta_m z + \frac{1}{2}\phi_m\right) \tag{10.11}$$

只考虑 y 轴和 z 轴方向的影响,上式可以看作

$$E(y, z, t) = 2E_m(y)\cos\left(\omega t - \beta_m z + \frac{1}{2}\phi_m\right) \tag{10.12}$$

其中 $E_m = E_0 \cos\left(k_m y + \dfrac{1}{2}\phi_m\right)$，因此在 C 点处的场强在 z 方向受 $\cos(\omega t - \beta_m z)$ 的调制，在 y 方向受入射角和 y 的调制。

上述的讨论均为对称波导的情况，其相位满足式(10.3)。

而对于非对称波导而言，因上下界面的折射率不同，其临界角需满足折射率较大的包层的临界角。在第一章中我们知道，光反射时相位改变的大小不仅与入射角有关，还与包层和芯层的折射率之比有关。在两种不同材料的界面反射而造成的附加光程差也不同，因此相位条件需要做相应的修改

$$k_1\left[2d\cos\theta\right] - (\phi_1 + \phi_2) = m(2\pi) \tag{10.13}$$

式中 ϕ_1，ϕ_2 分别为上下表面的附加光程差。

10.1.2 单模和多模波导

由(10.4)式可知，对于不同的 m，对应不同的入射角。当 $m=0$ 时，场强在波导的中心位置最强，此时对应波导的最低阶模式，如图 10.5 所示。

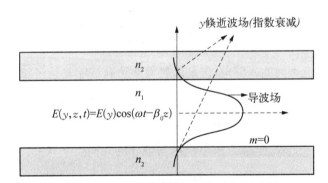

图 10.5 波导中传播的最低阶模式的电场模场

该模式 $m=0$，入射角最小，称为掠射光，沿波导轴向传播。

图 10.6 所示为对应不同 m 的波导模式以及 m 分别为 0、1 和 2 时的场强分布。

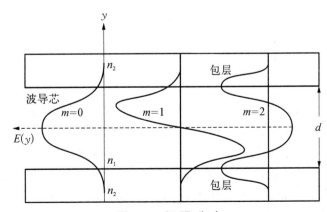

图 10.6 场 强 分 布

由波导满足的相位条件可知,波导模式与入射角是一一对应的;只有某些固定的入射角,才能形成对应的波导模式。随着入射角的减小,对应的模式数增大,穿透深度也逐渐增加。

当一束脉冲光进入波导时,不同的入射角会形成不同的模式,群速度也会不同。到达波导的另一端时,光脉冲会展宽,这个展宽称为波导的模式色散或模间色散,我们将会在下一节中详细讨论。

图 10.7 所示为入射光束在波导中分裂成不同的模式,而不同模式、不同分量的群速度不同,导致波导输出端的波包展宽。

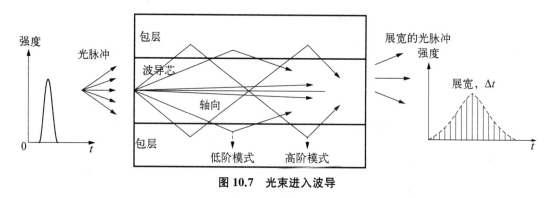

图 10.7 光束进入波导

虽然不同模式对应不同的入射角,但是入射角必须满足导波条件,即 $\sin\theta_m > \sin\theta_c$,才能保证波导传输。模式数满足

$$m < (2V-\phi)/\pi \tag{10.14}$$

其中 V 又被称为归一化频率或者归一化厚度,与波导的几何尺寸有关。V 参数定义为

$$V = \frac{\pi d}{\lambda}(n_1^2 - n_2^2)^{1/2} \tag{10.15}$$

对于单模波导而言,对应的入射角 $\theta_m \to 90°$,因此 $\phi \to 180°$ 或 $\phi \to 0°$。

截止波长满足的条件

$$V = \pi/2 \tag{10.16}$$

因此 $V = \pi/2$ 为单模波导的截止频率,$V < \pi/2$ 时,波导中只能传输一种模式。

10.1.3 TE 和 TM 模

如图 10.8 所示,波导模式可以分为 TE 模和 TM 为两类,入射平面定义为入射波波矢和两种介质界面所构成的平面(纸面)。对于 TE 模式,电场 $\hat{E}$ 方向垂直于入射平面,磁场方向与入射平面平行;而对于 TM 模式,磁场 B 垂直于入射平面,电场与入射平面平行。对于其他形式的电磁场,其电场和磁场都可以分解为沿入射平面和垂直于入射平面的分量。

$E_\perp$ 和 $E_{//}$ 在波导界面处发生全反射时引起的相位变化时不同的。若 n_1 与 n_2 相差很小,相位差可以忽略,因此导波条件和截止波长对于 TE 和 TM 模式来说可以认为是相同的。

130

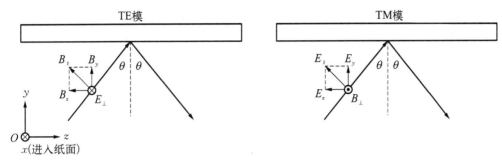

图 10.8　TE 和 TM 波的传播模式

10.2　波导中的色散

10.2.1　模式和群速度

在波导中传播的电磁波,我们常常关心的是信息传输的群速度 V_g,而群速度取决于 $\mathrm{d}\omega/\mathrm{d}\beta$。 因此,任意给定模式下的群速度与电磁波频率和波导条件有关。由导波条件式(10.4)可知,对于给定的 ω,我们有相应的传播常数 β。在不同的模式下,存在一组对应曲线,如图 10.9 所示。截止频率对应导波的截止条件:$V=\pi/2$。由图 10.9 得知,随着入射波角和频率的变化,传播常数也随着发生变化,而且对于同一频率下的不同模式,传播常数也会不同。

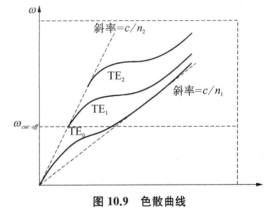

图 10.9　色散曲线

平板波导不同 TE_m 模式的色散曲线,斜率代表了该点处的群速度。

10.2.2　模间色散

对于多模波导而言,存在模间色散。模间色散是由模式分裂造成的。对于不同的模式而言,其传播的路径是不同的,模式阶数越低,传播的路径越接近波导芯,传播路径越短。因此,对于不同的模式而言,到达波导终端的时间是不同的,由此而引起的时间差称为模间色散。由于模间色散的存在,当一束脉冲光束进入波导时,由于脉冲激发的各阶模式会以不同的群速度到达波导的终端而引起脉冲展宽。由模间色散的特点容易知道,单模波导不存在模间色散。

对于不同的传输速度,我们假定最大和最小的群速度分别为 $V_{g\max}$,$V_{g\min}$,波导总长度为 L,则总的模间色散为

$$\Delta\tau = \frac{L}{V_{g\min}} - \frac{L}{V_{g\max}} \tag{10.17}$$

而 0 阶模式和最高阶模式对应的群速度可以近似看作为最小和最大群速度

$$V_{g\min} \approx c/n_1 \,,\, V_{g\max} \approx c/n_2 \tag{10.18}$$

因此模间色散可以近似表示为

$$\frac{\Delta\tau}{L} \approx \frac{n_1 - n_2}{c} \tag{10.19}$$

在光电子学中,我们更关心的是波形的半峰宽度,即峰值位置下降到一半高度时对应的宽度。

10.2.3 模内色散

任何以波导模式传输的电磁波都不可能是绝对的单频波,即使对于单模波导而言,由于入射的电磁波具有一定的脉冲宽度,实际传输中不可避免会有一定的展宽。而对于不同的波长,频率越低,进入平板波导包层的深度就越大,平均相速度就越大,这种由于波导结构引起的脉冲展宽称为波导色散。

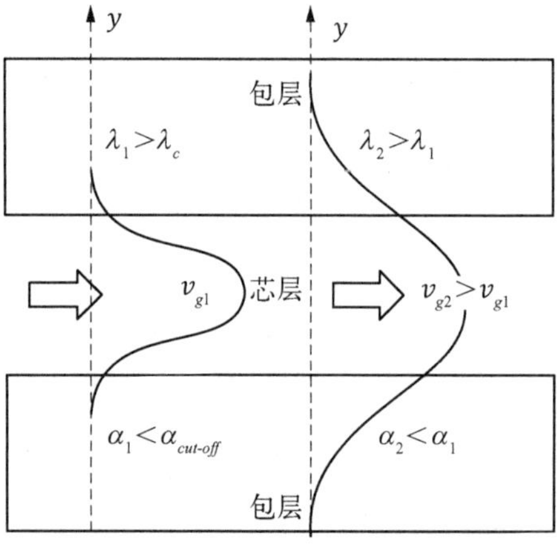

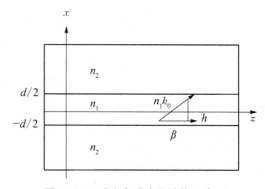

图 10.10　电场在包层中的等效群速

波导的折射率还与电磁波的频率有关,入射波中的不同频率成分(或不同波长成分),对应的折射率也会不同。这种折射率随频率(或波长)变化的关系也会导致脉冲的展宽,这种展宽称为材料色散。

由材料色散和波导色散共同引起的脉冲展宽统称为模内色散或色度色散。

图 10.10 表示的是相同的波导模式,但因在波导芯和包层中有不同的模式分量有不同群速度所引起的色散。波长越长的电场在包层中的渗透越深,等效群速度越大。

10.3　介质波导色散关系

以上我们介绍了光波导的导波条件、光波导的模式色散、波导色散、材料色散和色度色散。基本上是一些概念和定性描述。为了定量研究导波的传播模式,我们有必要推导波导模式的频率和波矢(包括传播方向和传播常数)之间的关系($\omega - k$ 关系),即色散关系。

从图 10.11 中可知,波导芯和包层的折射率分别为 n_1, n_2,厚度为 d,介质折射率在

图 10.11　对称介质波导结构示意图

x 方向上的分布如下

$$n(x) = \begin{cases} n_1, & |x| < \dfrac{1}{2}d; \\[2mm] n_2, & |x| > \dfrac{1}{2}d \end{cases} \quad (10.20)$$

对于 TE 模,在 y 方向的电场随空间(x 和 z 方向)和时间的变化

$$E_y(x, z, t) = E_m(x)\exp[\mathrm{j}(\omega t - \beta z)] \quad (10.21)$$

由于光在芯层中以导模进行传播,而在包层中电场在 x 方向以衰减方式沿着 z 方向进行传播,因此电场在 x 方向的约束条件如下

$$E_m(x) = \begin{cases} A\sinh x + B\cosh x, & |x| < \dfrac{1}{2}d; \\[2mm] C\exp(-qx), & x > \dfrac{1}{2}d; \\[2mm] D\exp(qx), & x < -\dfrac{1}{2}d \end{cases} \quad (10.22)$$

其中 A,B,C,D 是常数,h,q 分别是波导芯层和包层在 x 方向的传播常数。

$$h = \left[\left(\frac{n_1\omega}{c}\right)^2 - \beta^2\right]^{1/2} \quad (10.23)$$

$$q = \left[\beta^2 - \left(\frac{n_2\omega}{c}\right)^2\right]^{1/2} \quad (10.24)$$

根据边界条件,即在芯层和包层界面上电场的切上方向连续的条件得到如下关系

$$A\sin\left(\frac{1}{2}hd\right) + B\cos\left(\frac{1}{2}hd\right) = C\exp\left(-\frac{1}{2}qd\right) \quad (10.25)$$

$$-A\sin\left(\frac{1}{2}hd\right) + B\cos\left(\frac{1}{2}hd\right) = D\exp\left(-\frac{1}{2}qd\right) \quad (10.26)$$

由式(10.25)+式(10.26)得到:

$$2B\cos\left(\frac{1}{2}hd\right) = (C + D)\exp\left(-\frac{1}{2}qd\right) \quad (10.27)$$

根据 Maxwell 方程,在 z 方向的磁场和 y 方向的电场满足如下关系

$$\frac{\partial E_y}{\partial x} = -\frac{1}{\mu}\frac{\partial H_z}{\partial t}, \quad H_z(t) = H_z(0)\exp \mathrm{j}\omega t, \quad H_z = -\frac{\mathrm{j}}{\omega\mu}\frac{\partial E_y}{\partial x} \quad (10.28)$$

因此,

$$H_z(x) = -\frac{\mathrm{j}}{\mu\varepsilon}\begin{cases} hA\cosh x - hB\sinh x, & |x| < \frac{1}{2}d; \\ -qC\exp(-qx), & x > \frac{1}{2}d; \\ qD\exp(qx), & x < -\frac{1}{2}d; \end{cases} \tag{10.29}$$

根据边界条件,即在芯层和包层界面上磁场的切上方向连续的条件得到如下关系

$$hA\cos\left(\frac{1}{2}hd\right) - hB\sin\left(\frac{1}{2}hd\right) = -qC\exp\left(-\frac{1}{2}qd\right) \tag{10.30}$$

$$hA\cos\left(\frac{1}{2}hd\right) + hB\sin\left(\frac{1}{2}hd\right) = qD\exp\left(-\frac{1}{2}qd\right) \tag{10.31}$$

从式(10.30)—式(10.31)得到

$$2hB\sin\left(\frac{1}{2}hd\right) = q(C+D)\exp\left(-\frac{1}{2}qd\right) \tag{10.32}$$

于是,我们从(10.32)/(10.27)得到 TE 模的色散关系如下

$$h\tan\left(\frac{1}{2}hd\right) = q \quad (A = 0, C = D, \text{对称的 TE 模式}) \tag{10.33}$$

$$h\cot\left(\frac{1}{2}hd\right) = -q \quad (B = 0, C = -D, \text{反对称的 TE 模式}) \tag{10.34}$$

对于 TM 模式,在 y 方向振动的磁场随空间(x 和 z 方向)和时间的变化

$$H_y(x, z, t) = H_m(x)\exp[\mathrm{j}(\omega t - \beta z)] \tag{10.35}$$

x,z 方向电场与 y 方向的磁场满足下列关系

$$E_x = \frac{\mathrm{j}\partial}{\omega\varepsilon\partial z}H_y, \ E_z = \frac{\mathrm{j}\partial}{\omega\varepsilon\partial x}H_y \tag{10.36}$$

由于光在芯层中以导模进行传播,而在包层中磁场在 x 方向以衰减方式沿着 z 方向进行传播,磁场在 x 方向的约束条件如下

$$H_m(x) = \begin{cases} A\sinh x + B\cosh x, & |x| < \frac{1}{2}d; \\ C\exp(-qx), & x > \frac{1}{2}d; \\ D\exp(qx), & x < -\frac{1}{2}d; \end{cases} \tag{10.37}$$

其中 A,B,C,D 是常数,h,q 分别是波导芯层和包层在 x 方向的传播常数。

与上述类似方法可以推导得到 TM 的色散关系

$$h\tan\left(\frac{1}{2}hd\right)=\frac{n_1^2}{n_2^2}q \quad (A=0, C=D, \text{偶模式}) \tag{10.38}$$

$$h\cot\left(\frac{1}{2}hd\right)=-\frac{n_1^2}{n_2^2}q \quad (B=0, C=D, \text{奇模式}) \tag{10.39}$$

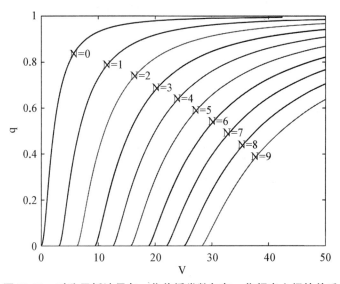

图 10.12　对称平板波导归一化传播常数与归一化频率之间的关系

10.4　表面等离子波导色散关系

表面等离子波导或表面等离子光子学已经成为一个广泛的研究课题,其主要思想是发展在光频段具有亚波长尺度的小型波导结构。在光频段金属具有与等离子类似的性质。如光频 ω 小于等离子频率 ω_p,其介电常数

$$\varepsilon_p(\omega)=\varepsilon_0\left[1-\frac{\omega_p^2}{\omega^2}\right] \tag{10.40}$$

变为负的,波在金属中被强烈衰减。如 $\omega>\omega_p$,介电常数 $\varepsilon(\omega)$ 变为正的。在 $\omega=\omega_p$, $\varepsilon(\omega)=0$,传输常数 $k=\omega\sqrt{\mu\varepsilon(\omega)}$ 为零,即电磁波不传输任何模式。介质响应可得

$$D=\varepsilon_p(\omega)E=\varepsilon_0E+P=0$$

$$P=-\varepsilon_0E \tag{10.41}$$

也就是说感应极化强度恰好与电场强度方向相反。

下面分析单界面等离子波导的色散关系。磁场在 x 方向的约束条件如下

$$H_m(x) = H_y(0)\exp(\mathrm{j}k_z z)\begin{cases} \exp(-\alpha_1 x), & x \geqslant 0; \\ \exp(\alpha_2 x), & x \leqslant 0; \end{cases} \qquad (10.42)$$

其中每个区域的波动方程

$$-\alpha_1^2 + k_z^2 = \omega^2 \mu_0 \varepsilon_1$$
$$-\alpha_2^2 + k_z^2 = \omega^2 \mu_0 \varepsilon_p(\omega) \qquad (10.43)$$

根据边界条件，即在芯层和包层界面上电场和磁场的切上方向连续的条件得到如下关系

$$E = -\frac{\mathrm{j}}{\omega\varepsilon} \nabla \times H$$

得到电场在 x 和 z 方向的分布

$$E = \begin{cases} -\dfrac{\mathrm{j}}{\omega\varepsilon_1}(\alpha_1 z + \mathrm{j}k_z)H_0 \mathrm{e}^{-\alpha_1 z + \mathrm{j}k_z}, & x \geqslant 0 \\ \dfrac{\mathrm{j}}{\omega\varepsilon_p}(-\alpha_2 z + \mathrm{j}k_z)H_0 \mathrm{e}^{\alpha_2 z + \mathrm{j}k_z}, & x \leqslant 0 \end{cases} \qquad (10.44)$$

E 的切向分量或 E_z 分量是连续的，由此可得

$$\frac{\alpha_1}{\varepsilon_1} = -\frac{\alpha_2}{\varepsilon_p}$$

由此可以得到

$$\alpha_1 = \omega\sqrt{\frac{-\mu_0\varepsilon_1^2}{\varepsilon_1 + \varepsilon_p}}$$

$$\alpha_2 = \omega\sqrt{\frac{-\mu_0\varepsilon_p^2}{\varepsilon_1 + \varepsilon_p}}$$

$$k_z = \omega\sqrt{\frac{\mu_0\varepsilon_1\varepsilon_p^2}{\varepsilon_1 + \varepsilon_p}} \qquad (10.45)$$

当 $\varepsilon_p < -\varepsilon_1 < 0$，$\alpha_1$，$\alpha_2$，$k_z$ 有实数解，坡印廷矢量或 z 方向的功率密度为

$$P = \begin{cases} \dfrac{k_z}{2\omega\varepsilon_1}H_0^2 \mathrm{e}^{-2\alpha_1 z}, & x \geqslant 0 \\ \dfrac{k_z}{2\omega\varepsilon_p}H_0^2 \mathrm{e}^{-2\alpha_2 z}, & x \leqslant 0 \end{cases} \qquad (10.46)$$

单层表面等离子波导结构如图 10.13 所示。

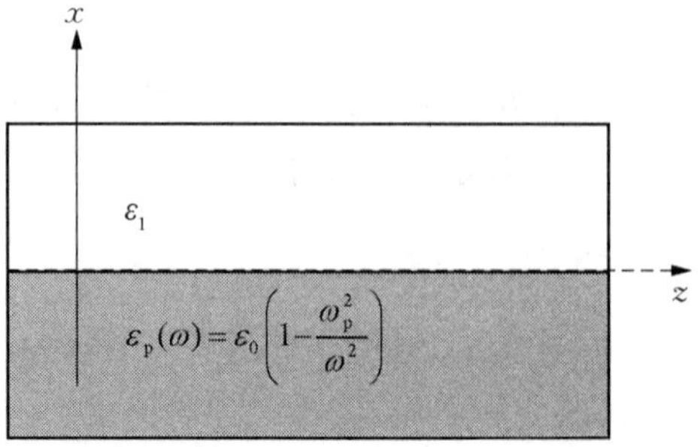

图 10.13 单层表面等离子波导结构示意图

10.5　波导耦合模理论基础

耦合模理论描述了两个平行波导中电磁场的相互作用,即从一条波导耦合到另一波到的条件和耦合强度,如图 10.14 所示。耦合模理论的一般公式表述

$$E(x, y, z) = E^a(x, y)a(z) \tag{10.47}$$

$$H(x, y, z) = H^a(x, y)a(z) \tag{10.48}$$

其中 $a(z) = a(0)\mathrm{e}^{\mathrm{j}\beta_a z}$,
因此

$$\frac{\mathrm{d}a(z)}{\mathrm{d}z} = \mathrm{j}\beta_a a(z), \quad \frac{\mathrm{d}b(z)}{\mathrm{d}z} = \mathrm{j}\beta_a b(z) \tag{10.49}$$

因此可将电场和磁场表示为:

$$E(x, y, z) = a(z)E^a(x, y) + b(z)E^b(x, y) \tag{10.50}$$

$$H(x, y, z) = a(z)H^a(x, y) + b(z)H^b(x, y) \tag{10.51}$$

其中 $a(z)$, $b(z)$ 分别为 a, b 波导中的振幅且满足:

$$\frac{\mathrm{d}a(z)}{\mathrm{d}z} = \mathrm{j}\beta_a a(z) + \mathrm{j}K_{ab}b(z)$$

$$\frac{\mathrm{d}b(z)}{\mathrm{d}z} = \mathrm{j}\beta_b b(z) + \mathrm{j}K_{ab}a(z) \tag{10.52}$$

其中 K_{ab} 为 a, b 波导之间的耦合系数。

$$a(z) = \cos k_z \mathrm{e}^{\mathrm{j}\beta z}, \quad b(z) = \sin k_z \mathrm{e}^{\mathrm{j}\beta z} \tag{10.53}$$

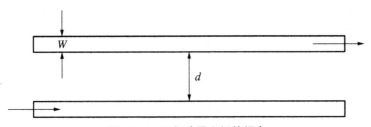

图 10.14　平行波导之间的耦合

10.6　环形腔波导基础

环形波导具有重要应用,特别是高品质滤波器、光信号缓存等方面都有重要应用前景。

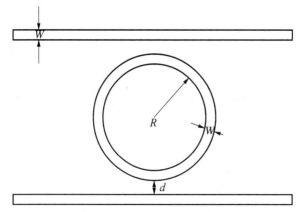

图 10.15　上下路型环形谐振腔

如图 10.15 所示，a_1，a_2 为波导 a 的输入和输出振幅强度，b_1，b_2 为波导 b 的输入和输出振幅强度，通过微环，将输入输出波导的场强联系起来

$$\begin{bmatrix} b_1 \\ b_2 \end{bmatrix} = \begin{bmatrix} t & jk \\ jk^* & t^* \end{bmatrix} \begin{bmatrix} a_1 \\ a_2 \end{bmatrix}$$

(10.54)

$$tt^* + kk^* = 1$$

其中 t 为输入波导与微环的耦合系数，k 为输出波导与微环的耦合系数。根据图 10.15 所示，可以得到下列关系

$$a_2 = b_2 a e^{j\theta}, \ a = e^{-\alpha l/2}, \ \theta = \frac{\omega}{c} n_{\text{eff}} l$$

(10.55)

波导 b 的输入强度与波导 a 的输入强度之比为

$$\frac{b_1}{a_1} = \frac{t - a e^{j\theta}}{1 - at e^{j\theta}}$$

(10.56)

从波导 a 的输入到波导 b 的输出透过为

$$T = \left| \frac{b_1}{a_1} \right|^2 = \frac{|t|^2 + |a|^2 - 2a|t|\cos(\theta - \theta_t)}{1 + |at|^2 - 2a|t|\cos(\theta - \theta_t)}$$

(10.57)

$$\theta - \theta_t = 2m\pi = \frac{2\pi f}{c} n_{\text{eff}} - \theta_t = \frac{2\pi f}{FSR} - \theta_t$$

(10.58)

环形腔的品质因子为

$$FSR = \frac{c}{n_{\text{eff}} L}$$

(10.59)

习　题

1. 一介质平板波导的芯层为 GaAs，厚度为 $0.25\ \mu m$，包层为 AlGaAs，GaAs 和 AlGaAs 的折射率分别为 3.6，3.4，如折射率为常数，该波导的截止波长为多少？若折射率为波长的函数，满足

$$n_1 = 3.6 + \frac{0.048\,5}{\lambda^2} - \frac{0.006\,1}{\lambda^4} - 0.000\,3\lambda^2, \ n_1 = 3.4 + \frac{0.048\,5}{\lambda^2} - \frac{0.006\,1}{\lambda^4} - 0.000\,3\lambda^2$$

该波导的截止波长为多少? 若 860 nm 的光在芯层传播,模场宽度及在包层 AlGaAs 中的渗透深度为多少? 试计算该波导的色散系数。

2. 有一非对称性三层介质波导(见图 10.16),折射率分别为 n_1, n_2, n_3,其中 $n_2 > n_3 > n_1$,中间层的厚度为 d,上下两层为半无限大。光在中间层传播,在上下两层指数衰减,衰减系数为 α。

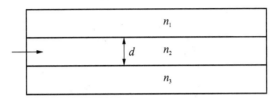

图 10.16 三层介质波导示意图

(1) 推导 TE,TM 模的色散关系。

(2) $n_1 = 3.5$, $n_2 = 1.0$, $n_3 = 1.5$, $d = 1.0\ \mu m$,自由空间波长为 $1.55\ \mu m$ 在中间波导传播,计算其在芯中的能量百分比。

3. 有一对称性三层介质波导,中间层是厚度为 d。如图 10.17 所示,求:

(1) 如中间层是折射率为 n 的介质,上下两层为半无限大金属。推导光在中间层传播的 TE,TM 模的色散关系。

(2) 如中间层是金属,上下两层为半无限大介质。推导光在中间层传播的 TE,TM 模的色散关系。

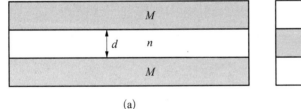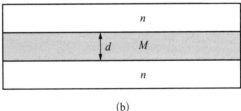

(a)　　　　　　　　　　　　　(b)

图 10.17 长程表面等离子体和短程表面等离子波导结构

(a) 长程表面等离子波导 (b) 短程表面等离子波导

4. 有一折射率为 n_1, n_2、厚度分别为 d_1, d_2 的两种材料在 x 方向周期性变化,周期数为 n。有一自由空间波长为 λ 的平面波从左端垂直入射经过周期性介质波导后从右端输出,试计算波导的透过率和反射率(见图 10.18)。

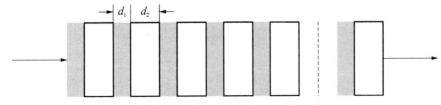

图 10.18 两层介质周期性波导结构示意图

5. 设计一个硅基($n=3.5$)微环滤波器,其在 1 550 nm 纳米处的自由谱(FSR) 大于 10 nm,其中直通波导和微环宽度 $w=500$ nm,试计算微环的半径和从直通波导输入端经过微环后直波导输出端的透过率(见图 10.19)。

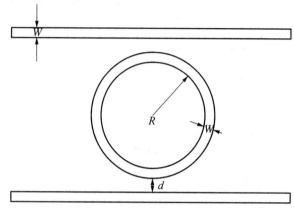

图 10.19　环形波导结构示意图

第11章 光　纤

11.1　光纤

光导纤维(简称光纤)是信息技术发展的一个重要里程碑。具有高带宽、低传输损耗特性的光纤技术的发展提高了信息传输的速率。阶跃光纤就是在平板波导的基础上发展而来的一类通信光纤。

11.1.1　阶跃光纤

图 11.1 是阶跃光纤的结构示意图。圆柱形的光纤具有折射率不同的内层和外层,其折射率分别为 n_1 和 n_2,而且 $n_2 < n_1$,我们定义归一化的折射率差 Δ 为

$$\Delta = (n_1 - n_2)/n_1 \tag{11.1}$$

对于大多数实用光纤而言,内外层的折射率相差很小, $\Delta \ll 1$。

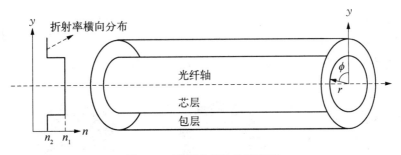

图 11.1　阶跃光纤结构示意图

阶跃折射率光纤芯区折射率大于包层折射率,包层厚度远比纤芯直径要大。

阶跃光纤虽然与平面波导类似,但是不同的是阶跃光纤属于二维波导。考虑导波条件时,必须保证在圆柱内侧的表面均能发生全反射。如果将波导横截面看做是二维平面,在平面内我们需要两个整数 m 和 l 来描述波导的模式。

我们也可以根据阶跃光纤的特点,将入射的电磁波分为两类:过轴心的电磁波和不过轴心的电磁波,如图 11.2 所示。

如果沿着光纤的方向观察电磁波的投影,过轴心和不过轴心的电磁波投影不同。对于

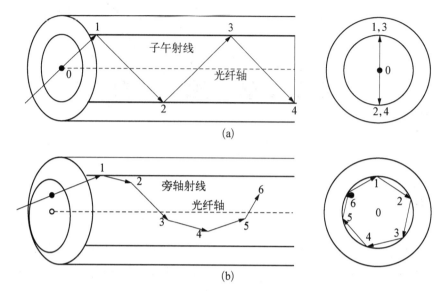

图 11.2 光纤中共面光线与非共面光线及其横截面示意图

（a）过轴线电磁波 （b）不过轴线电磁波

经过轴心的电磁波,由于每次反射后,光线均经过轴心,因此投影为一条线,而不过轴心的电磁波路径则是沿着多边形的边做螺旋形前进。

对于弱波导模而言（$\Delta \ll 1$）,阶跃光纤中的电磁波可以看做是线性偏振波,电场与磁场相互垂直并且垂直于传播方向。可以表示如下

$$E_{lp} = E_{lm}(r, \phi) \exp \mathrm{j}(\omega t - \beta_{lm} z) \tag{11.2}$$

其中 $E_{lm}(r, \phi)$ 为对应模式下的场强,而 β_{lm} 为该模式下的传播常数。

光纤中电场模式分布如图 11.3 所示。

图 11.3 为不同模式下,阶跃光纤内的场强分布。其图（a）为基模下的电场分布示意图,

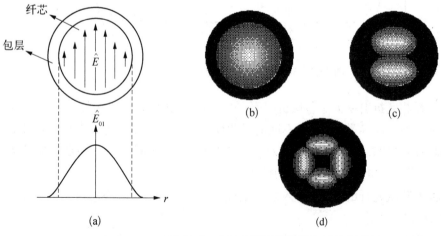

图 11.3 光纤中不同模式的电场分布图

可以看出基模下,电场沿着轴向最强,而远离轴心的位置逐渐衰减;其图(b)(c)(d)分别对应 LP_{01},LP_{11},LP_{21} 模式下的分布。m 和 l 表示的是径向和圆周方向的分量,m 表示从圆心出发到圆周方向电场强度最大值的数目,而 l 表示圆周方向电场强度最大值数目的一半。当一束脉冲光进入光纤时,由于不同的模式传输会带来模间色散产生脉冲的展宽。我们可以通过设计合适的光纤结构,让光纤中只允许单模传输,从而避免模间色散的产生。

与平板波导类似,阶跃光纤的 V 参数为

$$V = \frac{2\pi a}{\lambda}(n_1^2 - n_2^2)^{1/2} = \frac{2\pi a}{\lambda}(2n_1 n \Delta)^{1/2} \tag{11.3}$$

λ 为真空中的波长,$n = (n_1 + n_2)/2$,归一化折射率差为

$$\Delta = (n_1 - n_2)/n_1 \approx (n_1^2 - n_2^2)/2n_1^2 \tag{11.4}$$

对于该单模光纤截止频率

$$V_{\text{cut-off}} = \frac{2\pi a}{\lambda_c}(n_1^2 - n_2^2)^{1/2} = 2.405 \tag{11.5}$$

当 V 参数小于截止频率时,光纤中能传输单模。当 V 参数大于 2.405 时,随着 V 的增大,模式数急剧增加,当 V 远大于 2.405 时,光纤中可以容纳的模式数近似为

$$M \approx \frac{V^2}{2}, \quad V \gg 2.405 \tag{11.6}$$

由于光纤的传播常数与偏振光的波长和波导性质有关,我们可以通过归一化处理,让传播常数只与 V 参数有关,归一化传播常数为

$$b = \frac{(\beta/k)^2 - n_2^2}{n_1^2 - n_2^2} \tag{11.7}$$

其中 $b=0$ 对应的是 $\beta = kn_2$,表示电磁波在包层中的传播;而 $b=1$ 对应的是 $\beta = kn_1$,表示的是波在纤芯中的传播。在不同的传输模式下,我们画出了归一化传播常数 b 与 V 参数的关系如图 11.4 所示。

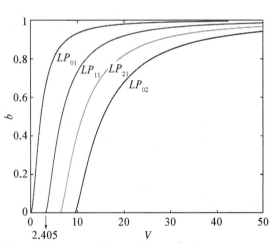

图 11.4　光纤中不同模式的传播常数 b 与归一化频率参数 V 的关系

11.1.2　渐变光纤

单模光纤的数值孔径较小,耦合进入光纤的模式较少。由于数值孔径直接与 V 参数有关,而作为单模光纤,V 参数必须小于 2.405,这就限制了单模光纤的用途。多模光纤有较大的接收角和数值孔径,但是模间色散明显。以图 11.5(a)为例,各种传输模式沿着不同的传输路径到达光纤的终端,由于传输路径不同,到达的时间也各不相同。

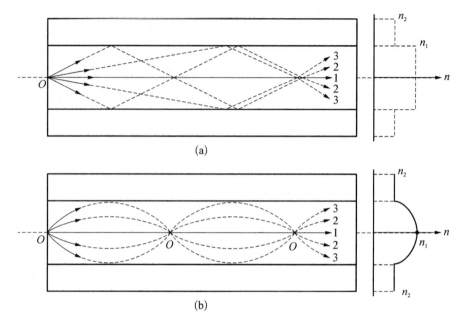

(a)

(b)

图 11.5   阶跃折射率光纤与渐变折射率光纤中光线传播轨迹的区别

针对此性质而对光纤纤芯做出改变的渐变光纤,工作原理如图 11.5(b)所示。从纤芯到包层,折射率逐渐减小,通过设计合适的折射率变化规律,沿不同角度射入光纤的光可以同时到达光纤终端,我们可以把渐变光纤想象成折射率具有明显分层结构的光纤,如图 11.6所示。

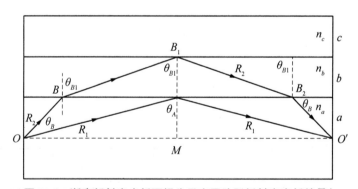

图 11.6   渐变折射率光纤可视为无穷层阶跃折射率光纤的叠加

考虑一个简单的对称性结构,光线 1 和 2 同时从 O 点射入光纤,它们能不能同时到达 O' 处呢? 对于光线 1 有

$$t_2 = 2an_a/(\cos(\theta_A)c) \tag{11.8}$$

对于光线 2 有

$$t_1 = 2(OB/V_1 + BB'/V_2) = 2[an_a/(\cos(\theta_B)c) + bn_b/(\cos(\theta_{B1})c)] \tag{11.9}$$

因此,$\Delta t = 2/c[an_a(1/\cos\theta_A - 1/\cos\theta_B) - bn_b/\cos\theta_{B1}]$ \hfill (11.10)

通过选取合适的 n_a，n_b，是可以保证两束光同时到达端面处的。

同样，我们可以把渐变光纤看做是由无数的层状阶跃光纤叠加而成，通过设计纤芯的成分分布来调控折射率分布，我们可以实现任意角度入射的光可以同时到达光纤另一端。

一种简单的渐变光纤折射率满足关系式

$$n = n_1 \left[1 - 2\Delta(r/a)^r\right]^{1/2}, \quad r < a$$
$$n = n_2, \quad\quad\quad\quad\quad\quad\quad r = a \tag{11.11}$$

此时光纤的色散度为

$$\frac{\sigma_{\text{intermode}}}{L} \approx \frac{n_1}{20\sqrt{3}\,c}\Delta^2 \tag{11.12}$$

当 $r = (4 + 2\Delta)/(2 + 3\Delta)$ 时，色散度最小。

在上一章第一节中，我们知道，并非所有的入射光线都能在平板波导中传输。如图 11.7 所示，以入射端面处为基准，为了保证电磁波可以在光纤中传播，入射角必须要小于临界角 $\alpha_{\max}$。我们可以把它转换成我们熟悉的全反射条件的形式

$$\sin\alpha_{\max}/\sin(90° - \theta_c) = \frac{n_1}{n_0} \tag{11.13}$$

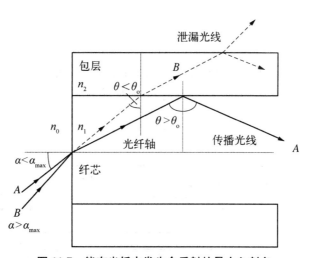

图 11.7 能在光纤内发生全反射的最大入射角

此时，最大角 $\alpha_{\max}$ 称为最大接收角，它满足

$$\sin\alpha_{\max} = \frac{(n_1^2 - n_2^2)^{1/2}}{n_0} \tag{11.14}$$

其中 $\text{NA} = (n_1^2 - n_2^2)^{1/2}$ 称为数值孔径

$$\sin\alpha_{\max} = \frac{\text{NA}}{n_0} \tag{11.15}$$

$2\alpha_{max}$为全接收角,阶跃光纤的 V 参数可以表示成用 NA 表达的形式

$$V = \frac{2\pi a}{\lambda} NA \tag{11.16}$$

11.2 光纤色散

11.2.1 材料色散

任何模式的波导,都会存在材料色散,因为任何电磁波都有一定的频谱宽度。前面我们讨论平板波导材料色散导致的频谱展宽,这里我们通过材料参数来具体分析材料色散在频谱色散中的影响。

如图 11.8 所示,如果用 D_m 表示材料色散系数,$\Delta\lambda$ 为入射波的波长宽度,$\Delta\tau$ 为时域展宽,材料色散为

$$\frac{\Delta\tau}{L} = | D_m | \Delta\lambda \tag{11.17}$$

D_m 近似为

$$D_m \approx -\frac{\lambda}{c}\left(\frac{\mathrm{d}^2 n}{\mathrm{d}\lambda^2}\right) \tag{11.18}$$

传输时间 τ 表示光脉冲光纤在输入端和输出端之间的时延,τ/L 称为群时延(τ_g),与群速度相关。若 β_{01} 表示基模的传播常数,群时延满足

$$\tau_g = \frac{1}{V_g} = \frac{\mathrm{d}\beta_{01}}{\mathrm{d}\omega} \tag{11.19}$$

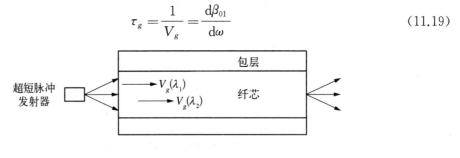

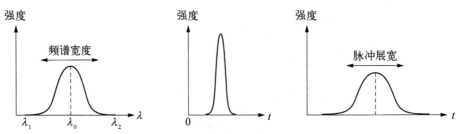

图 11.8 色散引起的时域波包展宽

11.2.2　波导色散

波导色散是由于波导的芯和包层的折射率不同引起的。对于不同入射角的光,纵向传播常数不同。若入射波的波长宽度为 $\Delta\lambda$,单位长度的时上或展宽可以表示为

$$\frac{\Delta\tau}{L} = \mid D_w \mid \Delta\lambda \tag{11.20}$$

其中 D_w 是波导色散系数,近似为

$$D_w \approx \frac{1.98 N_{g2}}{(2\pi a)^2 2cn_2^2} \tag{11.21}$$

其中 N_{g2}, n_2 分别是包层材料的群指数和折射率。

11.2.3　色度色散

由于入射光并非单色光,具有一定的波长宽度 $\Delta\lambda$,而产生的色散直接与入射光波长宽度有关。材料色散与波导色散均与光源宽度有关,色度色散定义为两者之和

$$\frac{\Delta\tau}{L} = \mid D_m + D_w \mid \Delta\lambda \tag{11.22}$$

图 11.9 为石英光纤材料色散和色度色散与光源波长的关系。

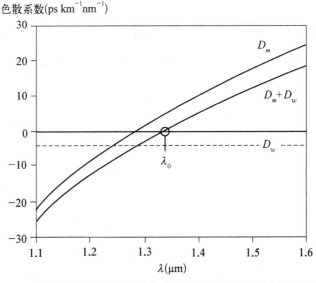

图 11.9　材料色散、波导色散和色度色散系数随波长的变化关系图

通过调节波导结构和选择合适的材料,能够实现色度色散在一定的波长范围内近似为常数,由此可以制作色散平坦的光纤(见图 11.10)。

11.2.4　偏振模色散

材料色散和波导色散是传输脉冲展宽的主要原因,此外还有其它色散如折射率分布不

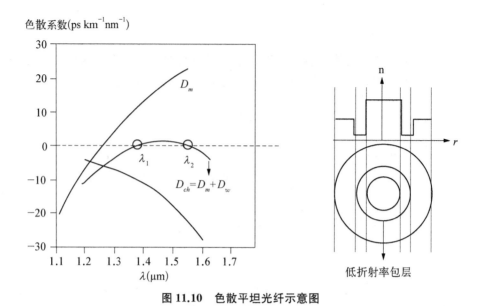

图 11.10　色散平坦光纤示意图

均匀引起的色散。由于基模的群速度与内外模折射率差有关,其折射率之差如果与波长相关,那么脉冲展宽也与波长相关。它满足

$$\frac{\Delta\tau}{L} = \mid D_p \mid \Delta\lambda \tag{11.23}$$

其中 D_p 为折射率分布不均所引起的偏振模色散系数。

　　如图 11.11 所示偏振模式色散是由于光纤材料不均匀而引起折射率不均匀而形成的。在光纤内部,折射率并没有达到理想的均匀程度。另外,由于光纤折射率的光学非线性效应,折射率受到传输光的偏振模式的影响。不同的偏振模式进入波导后,会对波导的折射率产生调制效应,从而引起折射率的变化,不同的折射率又会影响传输电磁波的群速度,进而引起色散。在这种情况下,即使入射波为单频波,只要存在不同偏振方向也会导致色散的产生。

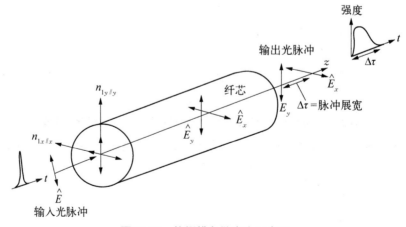

图 11.11　偏振模色散产生示意图

图 11.12 为不同波导尺寸下的石荧光纤波导色散曲线。

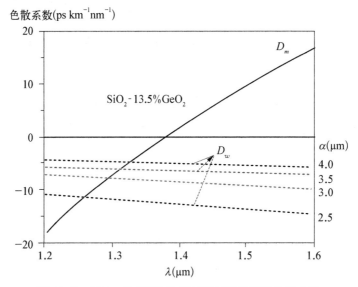

图 11.12　SiO₂－13.5％GeO₂光纤的材料与波导色散曲线

11.3　光纤损耗

光在光纤中传播时,随着传输距离的增加,信号强度逐渐减弱。信号的衰减主要来自于传输光纤的吸收和散射。此外,光纤的弯曲也会引起部分损耗。

11.3.1　吸　收

如图 11.13 所示,任何无源传输介质都会对所传输的信号产生衰减作用,光纤的吸收是

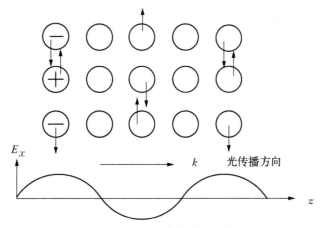

图 11.13　光传播方向的晶格振动示意图

信号衰减的一个重要原因。随着信号的传输,光的能量逐渐转变为晶格中的振动能量而耗散掉,其原理如下:光在介质中传播时,光与介质中的离子相互作用,将部分能量传递给介质的晶格,晶格离子通过振动,将能量耗散,转化成热能。光与介质相互作用的强度和光频率有关,光的频率与介质晶格的本征频率越接近,转换成晶格振动的能量越多。

11.3.2　散射

部分电磁波在传播的过程中会被介质中的粒子散射而改变方向,使沿着原方向传播的总能量减少。图 11.14 描述了瑞利散射对光传播的影响。

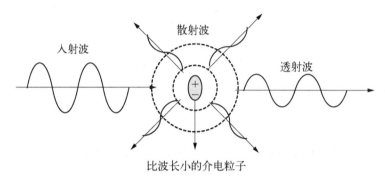

图 11.14　光传播过程中瑞利散射的示意图

当散射体的尺寸小于传输波长时,经过散射体的电磁波会发生散射现象,这种散射就是瑞丽散射。散射体会在入射电磁波的作用下被极化。在周期性极化波的作用下,离子的极性随之变化,产生了电磁辐射,而入射波强度会由于离子的作用而减弱。这就相当于电磁波将部分的能量传递给了粒子。散射与粒子的尺寸和形状都有关系,在光纤中,由于制作过程中对光纤的挤压,散射体和瑞利散射是不可避免的。

11.3.3　光纤中的衰减

当光在光纤中传播时,光强会随着传播距离的增大而逐渐减弱。若入射光强为 P,衰减系数 α 定义为单位传播距离内光衰减的比例。衰减系数可以表示为

$$\alpha = -\frac{1}{P}\frac{\mathrm{d}P}{\mathrm{d}x} \tag{11.24}$$

其中 x 为传播距离,积分后可得

$$\alpha = \frac{1}{L}\ln\left(\frac{p_{\text{in}}}{P_{\text{out}}}\right) \tag{11.25}$$

用分贝表示为

$$\alpha_{\text{dB}} = \frac{1}{L}10\log\left(\frac{P_{\text{in}}}{P_{\text{out}}}\right) \tag{11.26}$$

两者的关系为

$$\alpha_{dB} = \frac{10}{\ln(10)}\alpha = 4.34\alpha \qquad (11.27)$$

常用的玻璃光纤在瑞利散射的作用下,衰减系数满足

$$\alpha_R \approx \frac{8\pi^3}{3\lambda^4}(n^2 - 1)^2 \beta_T k_B T_f \qquad (11.28)$$

其中 β_T 为绝热下玻璃的压缩因子,k_B 为波尔兹曼常数,T_f 为玻璃的软化温度。

11.3.4　光纤预制棒制备和光纤拉制过程

拉锥光纤的制作过程。预制棒首先被高温熔融,经抽取得到光纤,厚度检测仪用于反馈控制,保证光纤的直径一致。抽取的光纤经过包层涂覆和定型处理最终得到成品(见图 11.15)。

图 11.16 描述的是采用外部气相沉积的方式制作光纤预制棒的过程。

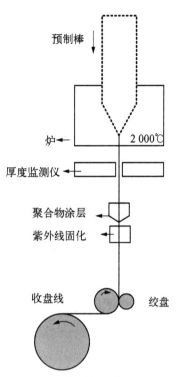

图 11.15　光纤拉制过程示意图

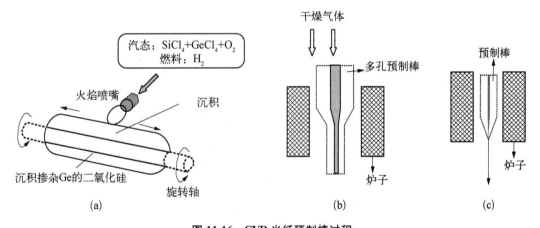

图 11.16　CVD 光纤预制棒过程

(a) 光纤预制棒制作示意图　(b) 多孔预制棒烧结成透明玻璃预制棒　(c) 将预制棒拉伸成纤维

11.4　光纤的模式理论

设光纤芯和包层的折射率分别为 n_1,n_2,芯径和包层半径分别为 a,b,则光纤的折射率分布如下

$$n(r) = \begin{cases} n_1, & 0 < r < a \\ n_2, & a < r < b \end{cases} \tag{11.29}$$

纵向传播常数为

$$h = [(n_1 k_0)^2 - \beta^2]^{1/2} \tag{11.30}$$

横向传播常数为

$$q = [\beta^2 - (n_2 k_0)^2]^{1/2} \tag{11.31}$$

电场随圆周角的变化为

$$E_\phi = -E_x \cos\phi + E_y \sin\phi$$

如果我们只考虑电场沿着 y 方向振动,则 x 方向分量 $E_x = 0$。 我们可以表达 y 方向的电场

$$E_y = \begin{cases} AJ_1(hr)e^{il\phi}\exp[j(\omega t - \beta z)], & r < a; \\ BK_1(qr)e^{il\phi}\exp[j(\omega t - \beta z)], & r > a; \end{cases} \tag{11.32}$$

按照 Maxwell 方程, x, z 方向磁场和 y 方向电场满足如下关系

$$H_x = \frac{-j\partial}{\omega\mu\partial z}E_y = -\frac{\beta}{\omega\mu}E_y \tag{11.33}$$

$$H_z = \frac{\beta}{\omega\mu}E_y H_y \approx 0 \tag{11.34}$$

x 方向磁场和 z 方向电场满足如下关系

$$E_z = \frac{-j\partial}{\omega\mu\partial y}H_x = -\frac{-j\beta}{\omega^2\mu\varepsilon\partial y}E_y \tag{11.35}$$

极坐标和笛卡尔坐标的关系有

$$\frac{\partial}{\partial x} = \frac{\partial r}{\partial x}\frac{\partial}{\partial r} + \frac{\partial\phi}{\partial x}\frac{\partial}{\partial\phi}$$

$$\frac{\partial}{\partial y} = \frac{\partial r}{\partial y}\frac{\partial}{\partial r} + \frac{\partial\phi}{\partial y}\frac{\partial}{\partial\phi}$$

贝塞尔函数和变态贝塞尔函数的性质有

$$J'_l(x) = \frac{1}{2}[J_{l-1}(x) - J_{l+1}(x)]$$

$$K'_l(x) = -\frac{1}{2}[K_{l-1}(x) + K_{l+1}(x)]$$

$$\frac{l}{x}J_l(x) = \frac{1}{2}[J_{l-1}(x) + J_{l+1}(x)] \tag{11.36}$$

$$\frac{l}{x}K_l(x) = -\frac{1}{2}[K_{l-1}(x) - K_{l+1}(x)]$$

在芯层,对于 y 方向和 z 方向偏振的电场和 x,z 偏振方向的磁场满足下列关系:

$$E_x = 0$$

$$E_y = AJ_1(hr)\mathrm{e}^{\mathrm{j}l\phi}\exp[\mathrm{j}(\omega t - \beta z)]$$

$$E_z = \frac{h}{\beta}\frac{A}{2}J_{l+1}(hr)\mathrm{e}^{\mathrm{j}(l+1)\phi} + J_{l-1}(hr)\mathrm{e}^{\mathrm{j}(l-1)\phi}\exp[\mathrm{j}(\omega t - \beta z)]$$

$$H_x = \frac{-\beta}{\omega\mu}AJ_1(hr)\mathrm{e}^{\mathrm{j}l\phi}\exp[\mathrm{j}(\omega t - \beta z)] \tag{11.37}$$

$$H_y \approx 0$$

$$H_z = -\frac{\mathrm{j}h}{\omega\mu}\frac{A}{2}J_{l+1}(hr)\mathrm{e}^{\mathrm{j}(l+1)\phi} - J_{l-1}(hr)\mathrm{e}^{\mathrm{j}(l-1)\phi}\exp[\mathrm{j}(\omega t - \beta z)]$$

在包层,对于 y 方向和 z 方向偏振的电场和 x,z 偏振方向的磁场满足下列关系:

$$E_x = 0$$

$$E_y = BK_1(qr)\mathrm{e}^{\mathrm{j}l\phi}\exp[\mathrm{j}(\omega t - \beta z)]$$

$$E_z = \frac{q}{\beta}\frac{B}{2}K_{l+1}(qr)\mathrm{e}^{\mathrm{j}(l+1)\phi} + K_{l-1}(qr)\mathrm{e}^{\mathrm{j}(l-1)\phi}\exp[\mathrm{j}(\omega t - \beta z)]$$

$$H_x = \frac{-\beta}{\omega\mu}BK_1(qr)\mathrm{e}^{\mathrm{j}l\phi}\exp[\mathrm{j}(\omega t - \beta z)] \tag{11.38}$$

$$H_y \approx 0$$

$$H_z = -\frac{\mathrm{j}q}{\omega\mu}\frac{B}{2}K_{l+1}(qr)\mathrm{e}^{\mathrm{j}(l+1)\phi} - K_{l-1}(qr)\mathrm{e}^{\mathrm{j}(l-1)\phi}\exp[\mathrm{j}(\omega t - \beta z)]$$

其中

$$B = \frac{AJ_l(hr)}{K_l(hr)}$$

现在我们只考虑电场沿着 x 方向振动,则 y 方向分量 $E_y = 0$。我们可以表达 x 方向的电场

$$E_x = \begin{cases} AJ_1(hr)\mathrm{e}^{\mathrm{j}l\phi}\exp[\mathrm{j}(\omega t - \beta z)], & r < a; \\ BK_1(qr)\mathrm{e}^{\mathrm{j}l\phi}\exp[\mathrm{j}(\omega t - \beta z)], & r > a; \end{cases} \tag{11.39}$$

y 方向磁场和 x,z 方向电场满足如下关系

$$E_z = \frac{-\mathrm{j}\partial}{\omega\mu\partial x}H_y = -\frac{-\mathrm{j}\beta}{\omega^2\mu\varepsilon\partial x}\hat{E}_x \tag{11.40}$$

$$H_x \approx 0$$

$$H_y = \frac{\mathrm{j}\partial}{\omega\mu\partial z}E_x = \frac{\beta}{\omega\mu}E_x$$

$$H_x = \frac{-\mathrm{j}\partial}{\omega\mu\partial y}E_x$$

在芯层,对于 x 方向和 z 方向偏振的电场和 y, z 偏振方向的磁场满足下列关系:

$$E_x = AJ_1(hr)\mathrm{e}^{\mathrm{j}l\phi}\exp[\mathrm{j}(\omega t - \beta z)]$$

$$E_y = 0$$

$$E_z = \frac{h}{\beta}\frac{A}{2}J_{l+1}(hr)\mathrm{e}^{\mathrm{j}(l+1)\phi} - J_{l-1}(hr)\mathrm{e}^{\mathrm{j}(l-1)\phi}\exp[\mathrm{j}(\omega t - \beta z)]$$

$$H_x \approx 0 \qquad\qquad (11.41)$$

$$H_y = \frac{-\beta}{\omega\mu}AJ_1(hr)\mathrm{e}^{\mathrm{j}l\phi}\exp[\mathrm{j}(\omega t - \beta z)]$$

$$H_z = -\frac{\mathrm{j}h}{\omega\mu}\frac{A}{2}J_{l+1}(hr)\mathrm{e}^{\mathrm{j}(l+1)\phi} + J_{l-1}(hr)\mathrm{e}^{\mathrm{j}(l-1)\phi}\exp[\mathrm{j}(\omega t - \beta z)]$$

在包层,对于 x 方向和 z 方向偏振的电场和 y, z 偏振方向的磁场满足下列关系:

$$E_x = BK_1(qr)\mathrm{e}^{\mathrm{j}l\phi}\exp[\mathrm{j}(\omega t - \beta z)]$$

$$E_y = 0$$

$$E_z = \frac{q}{\beta}\frac{B}{2}K_{l+1}(qr)\mathrm{e}^{\mathrm{j}(l+1)\phi} - K_{l-1}(qr)\mathrm{e}^{\mathrm{j}(l-1)\phi}\exp[\mathrm{j}(\omega t - \beta z)]$$

$$H_x \approx 0 \qquad\qquad (11.42)$$

$$H_y = \frac{-\beta}{\omega\mu}BK_1(qr)\mathrm{e}^{\mathrm{j}l\phi}\exp[\mathrm{j}(\omega t - \beta z)]$$

$$H_z = -\frac{\mathrm{j}q}{\omega\mu}\frac{B}{2}K_{l+1}(qr)\mathrm{e}^{\mathrm{j}(l+1)\phi} + K_{l-1}(qr)\mathrm{e}^{\mathrm{j}(l-1)\phi}\exp[\mathrm{j}(\omega t - \beta z)]$$

从上式我们得到下列色散关系

$$ha\frac{J_{l+1}(ha)}{J_l(ha)} = qa\frac{K_{l+1}(qa)}{K_l(qa)} \qquad\qquad (11.43)$$

$$ha\frac{J_{l-1}(ha)}{J_l(ha)} = -qa\frac{K_{l-1}(qa)}{K_l(qa)} \qquad\qquad (11.44)$$

我们得到归一化频率

$$V = k_0 a\ (n_1^2 - n_2^2)^{1/2} = \frac{2\pi a}{\lambda}(n_1^2 - n_2^2)^{1/2} = [(ha)^2 + (qa)^2]^{1/2} \qquad (11.45)$$

$$V(LP_{lm}) \approx m\pi + \left(l - \frac{3}{2}\right)\frac{\pi}{2}$$

电磁场在光纤中传播的功率密度如下

154

$$S_z = \frac{1}{2}\text{Re}[E_x H_y^* - E_y H_x^*] \tag{11.46}$$

$$S_z = \begin{cases} \dfrac{\beta}{2\omega\mu} \mid A \mid^2 J_l^2(hr), & r < a; \\[3mm] \dfrac{\beta}{2\omega\mu} \mid B \mid^2 K_l^2(qr), & r > a; \end{cases} \tag{11.47}$$

在芯层和包层中的功率分别如下

$$P_{core} = \int_0^{2\pi}\int_0^a s_z r \mathrm{d}r\mathrm{d}\phi$$

$$P_{clad} = \int_0^{2\pi}\int_a^\infty s_z r \mathrm{d}r\mathrm{d}\phi$$

将式(11.47)代入得到

$$P_{\text{core}} = \frac{\beta}{\omega\mu}\pi a^2 \mid A \mid^2 [J_l^2(ha) - J_{l-1}(ha)J_{l+1}(ha)] \tag{11.48}$$

$$P_{\text{clad}} = \frac{\beta}{\omega\mu}\pi a^2 \mid B \mid^2 [-K_l^2(qa) + K_{l-1}(qa)K_{l+1}(qa)]$$

其总功率: $P = P_{\text{core}} + P_{\text{clad}}$,芯层和包层中功率的百分比分别为

$$\Gamma_1 = \frac{P_{\text{core}}}{P} = \frac{1}{V^2}\left[(ha)^2 + \frac{(qa)^2 J_l(ha)}{J_{l+1}(ha)J_{l-1}(ha)}\right] \tag{11.49}$$

$$\Gamma_2 = \frac{P_{\text{clad}}}{P} = \frac{1}{V^2}\left[(qa)^2 - \frac{(qa)^2 J_l(ha)}{J_{l+1}(ha)J_{l-1}(ha)}\right] \tag{11.50}$$

光纤的归一化频率为

$$V = \frac{2\pi a}{\lambda}(n_1^2 - n_2^2)^{1/2} = \frac{2\pi a}{\lambda}(2n_1 n\Delta)^{1/2} \tag{11.51}$$

$$\Delta = \frac{n_1 - n_2}{n_1}, \ \Delta = (n_1 - n_2)/n_1 \approx (n_1^2 - n_2^2)/2n_1^2$$

单模传输的截止频率为

$$V_{\text{cut-off}} = \frac{2\pi a}{\lambda_c}(n_1^2 - n_2^2)^{1/2} = 2.405 \tag{11.52}$$

光纤中传输的模式数与截止频率的关系

$$M \approx \frac{V^2}{2}, \ V \gg 2.405$$

定义归一化传播常数为

$$b = \frac{(\beta/k)^2 - n_2^2}{n_1^2 - n_2^2}$$ (11.53)

习　题

1. 一阶跃光纤芯径为 $8~\mu m$，$1.55~\mu m$ 处得折射率为 1.45，光脉冲半高宽为 $3~nm$。在 $1.55~\mu m$ 处，材料色散和波导色散系数为 $D_m = 12~ps \cdot nm^{-1} \cdot km^{-1}$，和 $D_m = -6~ps \cdot nm^{-1} \cdot km^{-1}$，

（1）计算光纤的 γ 参数。

（2）计算数值孔径。

（3）计算最大吸收角。

（4）计算单位长度材料波导和色度色散。

（5）计算模场直径。

（6）计算芯层和包层中的能量。

2. 考虑 SiO_2 - $13.5\% GeO_2$ 光纤，纤芯直径 $8~mm$，折射率 1.468，包层折射率 1.464。所有折射率对应工作波长 $1~300~nm$。光纤使用光源为工作波长 $1~300~nm$ 激光器，激光器半高宽度（FWHM）为 $2~nm$。

（1）计算光纤的 V 参数。此光纤是否为单模光纤？

（2）计算在什么波长以下，此光纤变为多模光纤。

（3）计算数值孔径。

（4）计算最大容忍（接受角）角度。

第12章 光纤传输系统带宽

12.1 系统的基本结构

对于数字光纤通信系统而言,信息主要是通过电信号—光信号—电信号的变换来实现信息的传递。信息首先经过编码转换成数字信号,再转换成对应的脉冲信号对发光二极管或激光二极管进行调制。在脉冲信号的驱动下,发光二极管或激光二极管将光信号耦合入光纤传输到接收端。在接收端光信号通过检测器还原成电信号,通过判决解码,还原出对应的信息,原理如图 12.1 所示。

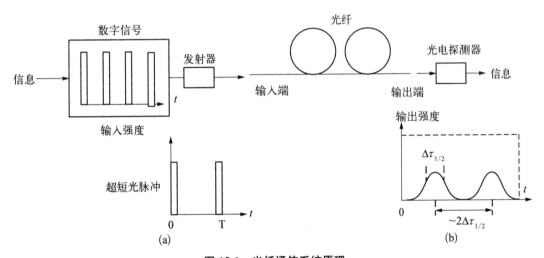

图 12.1 光纤通信系统原理

(a) 电信号—光信号—电信号转换示意图 (b) 色散在光通信中导致光信号脉冲展宽的示意图

光纤通信设计者最关心的问题就是在保证通信的顺利进行以及在给定通信环境下如何才能最大化传输信息容量。最大的信息传输速率又称为比特容量(B),直接与光纤的色散有关。

假设一束脉冲通过光纤系统传输,在接收端还原出具有一定脉宽的脉冲波。我们通常用半峰宽度 $\Delta\tau_{1/2}$ 来描述该脉冲因色散而展宽的大小。对于连续两个脉冲信号,为了保证接收端不发生码间串扰,接收端两个脉冲之间必须至少间隔 $2\Delta\tau_{1/2}$。这样,发射端的比特传输速率应该满足

$$B \leqslant \frac{1}{2\Delta\tau_{1/2}} \tag{12.1}$$

除了半峰宽度外,也可以用信号抽样的均方根表示色散度

$$\Delta\tau_{rms} = 2\sigma \tag{12.2}$$

两者的关系如图 12.2 所示。

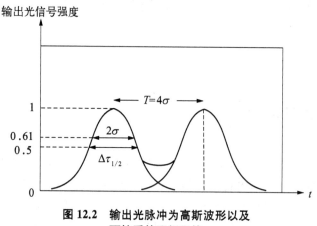

图 12.2 输出光脉冲为高斯波形以及
可接受的码间干扰

由图 12.2 近似可得

$$B \leqslant \frac{0.25}{\sigma} \tag{12.3}$$

比特距离积反映了信道中可以传输信息的总量,对于接收的高斯信号而言,其比特距离积为

$$BL = \frac{0.25L}{\sigma} = \frac{0.25}{|D_{ch}|\sigma_\lambda} \tag{12.4}$$

总的色散度方差为模间色散和模内色散的方差和

$$\sigma^2 = \sigma_{intermodal}^2 + \sigma_{intramodal}^2 \tag{12.5}$$

通常情况下,当输出脉冲为高斯波形时可以用式(12.1)计算传输系统发射端的最大比特速率。当输出脉冲为波形因色散而发生畸变的非高斯波形时可以用式(12.3)计算传输系统发射端的最大比特速率。

12.2 电学带宽和光学带宽

图 12.3 为一个模拟信号光纤通信系统的示意图。当发射端的调制频率逐渐升高时,光检测器中电信号峰值强度在一定调制频率范围内并不发生改变;当调制频率升到一定值,电信号峰值强度逐渐降低。当电信号峰值强度变为初始调制频率对应峰值强度的 0.707 时的调制频率定义为传输系统的电学带宽。

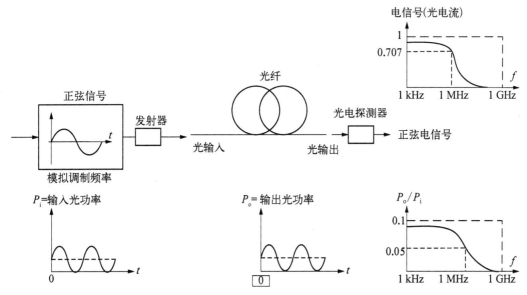

图 12.3　光纤传输模拟信号及色散对信息的影响

　　同样的传输系统,当发射端的调制频率逐渐升高时,光检测器前的光信号峰值强度,在一定频率范围内并不发生改变;当调制频率继续升高到一定值时,光信号强度逐渐降低;当强度变为初始调制频率对应强度的 0.50 时的调制频率为传输系统的光学带宽。

　　对于高斯型展宽的色散光纤特性而言,其光学带宽为

$$f_{op} \approx 0.75B \approx \frac{0.19}{\sigma} \tag{12.6}$$

　　对于电学带宽而言,由于其计算值为有效值,带宽为信号值下降为峰值 0.707 处的宽度,因此相对于光学信号而言,电学带宽要更窄些。对于高斯信号特性,它们的关系近似为

$$f_{el} \approx 0.71 f_{op} \tag{12.7}$$

习　　题

　　1. 考虑 SiO_2-13.5‰GeO_2光纤,纤芯直径 5 mm,折射率 1.468,包层折射率 1.464。所有折射率对应工作波长 1 500 nm。光纤使用光源为工作波长 100 nm 激光器,激光器半高宽度(FWHM)为 0.1 nm。

　　(1) 计算光纤的 V 参数。此光纤是否为单模光纤?

　　(2) 根据该光纤的材料色散和波导色散,然后估算光纤的比特率—距离积($B \times L$)。

　　2. 甲乙两城市相距 1 000 km,要求在两地建一条单信道速率为 10 Gb/s 的数字光线通信系统。已知光纤芯的损耗为 0.15 dB/km,在 1 550 nm 处的材料色散为 0.1 ps/km/nm,光纤芯和包层的折射率分别为 1.50,1.49,试设计光纤芯的直径和发射机激光器线宽。

III

拓 展 篇

第13章 光纤激光器

13.1 光纤激光器粒子数反转计算

图 13.1(a)为带激发态吸收的三能级系统的能级结构和电子跃迁过程。在三能级系统中,在泵浦跃迁速率 R_{13} 的作用下,电子从基态跃迁到激发态。由于激发态寿命很短,电子从激发态以无辐射速率 A_{32} 弛豫到亚稳态,然后以受激辐射速率 W_{21} 和自发辐射速率 A_{21} 回到基态。由于在亚稳态能级和基态能级之间的吸收谱和发射谱有部分重叠,因此,所发射的光子以吸收速率 W_{12} 被再次吸收。在亚稳态能级上的电子由于具有较长的寿命,泵浦光可以将该能级上的电子以速率 R_{24} 激发到更高的能级,然后在该能级以自发辐射速率 A_{41} 回到基态,发出短波长的光子。

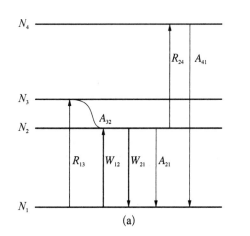 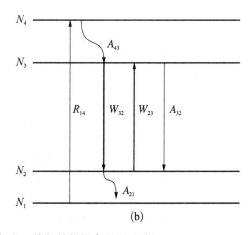

图 13.1 带激发态吸收的三能级和四能级结构及电子跃迁过程

(a) 三能级系统能级结构和电子跃迁过程 (b) 四能级系统能级结构和电子跃迁过程

按照三能级的能级结构和电子跃迁过程,速率方程如下

$$\frac{\mathrm{d}N_1}{\mathrm{d}t} = -(R_{13} + W_{12})N_1 + (W_{21} + A_{21})N_2 + A_{41}N_4 \tag{13.1}$$

$$\frac{\mathrm{d}N_2}{\mathrm{d}t} = W_{12}N_1 - (W_{21} + A_{21} + R_{24})N_2 + A_{32}N_3 \tag{13.2}$$

$$\frac{\mathrm{d}N_3}{\mathrm{d}t} = R_{13}N_1 - A_{32}N_3 \tag{13.3}$$

$$\frac{\mathrm{d}N_4}{\mathrm{d}t} = R_{24}N_2 - A_{41}N_4 \tag{13.4}$$

$$N = N_1 + N_2 + N_3 \tag{13.5}$$

$$R_{13} = \frac{\sigma_{13}P_p}{h\nu_p}, \ R_{24} = \frac{\sigma_{24}P_p}{h\nu_p}, \ W_{12} = \frac{\sigma_{12}P_s}{h\nu_s}, \ W_{21} = \frac{\sigma_{21}P_s}{h\nu_s} \tag{13.6}$$

其中 σ_{13}，σ_{24}，σ_{12}，σ_{21} 分别为泵浦波长的吸收截面和激发态吸收截面，激光波长的吸收截面和发射截面；$h\nu_p$，$h\nu_s$ 分别为泵浦和发射光子能量；P_p，p_s 分别为泵浦和激射光功率。

如果不考虑泵浦的激发态吸收（$R_{24}=0$），在稳态条件下

$$N_1 = N \frac{A_{32}(W_{21}+A_{21})}{(R_{13}+A_{32})(W_{12}+A_{21})+A_{32}(R_{13}+W_{12})} \tag{13.7}$$

$$N_2 = N \frac{A_{32}(W_{12}+A_{21})(R_{13}+W_{12})}{(W_{21}+A_{21})[(R_{13}+A_{32})(W_{12}+A_{21})+A_{32}(R_{13}+W_{12})]} \tag{13.8}$$

$$\Delta N = N_2 - N_1 = N \frac{A_{32}(W_{12}+A_{21})(R_{13}+W_{12}-W_{21}-A_{21})}{(W_{21}+A_{21})[(R_{13}+A_{32})(W_{12}+A_{21})+A_{32}(R_{13}+W_{12})]} \tag{13.9}$$

在激光谐振腔中，在激光产生之前，泵浦功率大大大于激射功率（$P_p(z) \gg P_s(z)$），且假设 $\sigma_{12} = \sigma_{21}$，因此式(13.9)可以写为

$$\Delta N = N_2 - N_1 \approx N \frac{A_{32}(R_{13}-A_{21})}{(R_{13}+A_{32})(W_{21}+A_{21})+R_{13}A_{32}} \tag{13.10}$$

图 13.1(b)为四能级系统的能级结构和电子跃迁过程。在四能级系统中，泵浦在跃迁速率 R_{14} 的作用下，电子从基态跃迁到激发态。由于激发态寿命很短，电子从激发态以无辐射速率 A_{43} 弛豫到亚稳态，然后以受激辐射速率 W_{32} 和自发辐射速率 A_{32} 回到终态能级。由于在亚稳态能级和终态能级之间的吸收谱与发射谱有部分重叠，因此，所发射的光子以吸收速率 W_{23} 被再次吸收。在终态能级上的电子由于具有较短的寿命，将该能级上的电子以速率 A_{21} 弛豫到基态能级。在四能级系统中，

$$\frac{\mathrm{d}N_1}{\mathrm{d}t} = -R_{14}N_1 + A_{21}N_2 \tag{13.11}$$

$$\frac{\mathrm{d}N_2}{\mathrm{d}t} = -(W_{23}+A_{21})N_2 + (W_{32}+A_{32})N_3 \tag{13.12}$$

$$\frac{\mathrm{d}N_3}{\mathrm{d}t} = W_{23}N_2 - (W_{32}+A_{32})N_3 + A_{43}N_4 \tag{13.13}$$

$$\frac{\mathrm{d}N_4}{\mathrm{d}t} = R_{14}N_1 - A_{43}N_4 \tag{13.14}$$

$$N = N_1 + N_2 + N_3 + N_4 \tag{13.15}$$

$$R_{14} = \frac{\sigma_{14}P_p}{h\nu_p}, \quad W_{23} = \frac{\sigma_{23}P_s}{h\nu_s}, \quad W_{32} = \frac{\sigma_{32}P_s}{h\nu_s} \tag{13.16}$$

因此

$$N_3 = N \frac{R_{14}A_{21}A_{43}(W_{23}+A_{21})}{R_{14}A_{21}A_{43}(W_{23}+A_{21}) + A_{21}(W_{32}+A_{32})[A_{21}A_{43}+R_{14}(A_{21}+A_{43})]} \tag{13.17}$$

$$\Delta N = N_3 - N_2 = N \frac{R_{14}A_{21}A_{43}(W_{23}-W_{32}+A_{21}-A_{32})}{R_{14}A_{21}A_{43}(W_{23}+A_{21}) + A_{21}(W_{32}+A_{32})[A_{21}A_{43}+R_{14}(A_{21}+A_{43})]} \tag{13.18}$$

假设 $\sigma_{23} = \sigma_{32}$，$A_{21} \ll A_{43}$，则有

$$\Delta N = N_3 - N_2 = \frac{R_{14} \times (A_{21}-A_{32})}{R_{14} \times (W_{23}+A_{21}) + (W_{23}+A_{32}) \times (A_{21}+R_{14})} \tag{13.19}$$

13.2　掺镱光纤激光器

13.2.1　镱离子的能级结构和光谱特性

镱离子属于元素周期表中镧系元素的一种稀土离子,它的电子结构是 $4f^{13}5s^25p^66s^2$，$4f$ 亚层上的相关电子将会受到满壳层 $5p,6s$ 屏蔽,导致玻璃基质的外场微扰对 $4f-4f$ 辐射跃迁的光谱性质相对较小,因此镱离子具有尖锐的吸收和发射线型光谱。与其他稀土元素离子相比,镱离子具有较为简单的能级结构。镱离子的能级结构如图 13.2 所示。

产生激光的主要能级为两个多重态分裂能级,它们分别为基态 $^2F_{7/2}$ 以及激发态 $^2F_{5/2}$。其中基态分裂成 4 个 Stark 子能级,而激发态分裂成 3 个 Stark 子能级。当镱离子掺杂到石英光纤之后,由于在镱离子周围的电场在基质材料中呈现非均匀分布,因而导致基态和激发态能级的非均匀展宽。主要的展宽机制为:第一个因素是声子加宽。两个不同能级之间产生激光辐射跃迁,跃迁的过程伴随着电声子耦合的过程,包括声子的生成与湮灭。所以,在一定温度下会产生能够导致能级展宽的声子能量分布。第二个因素是 Stark 分裂能级。这是一种因基

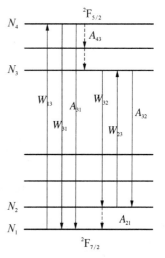

图 13.2　镱离子能级结构示意图

质结构近程有序而远程无序的特点使得发光离子周围的电场分布不均匀而导致 Stark 效应不均匀展宽所致。然而在室温环境下,处于基态的 4 个子能级只有其中 2 个能够被分辨,处于激发态的 3 个能级只有一个能级被分辨。由于镱离子的激发态能级与基态能级之间有大约 1 000 cm^{-1} 的间距,能级之间的距离比较大,从而在不同能级之间很难产生交叉弛豫,因此镱离子浓度淬灭现象比较微弱。与此同时,也不会在激光波长与泵浦波长处产生激发态吸收现象。掺镱石英光纤拥有许多优点,包括具有较长的荧光寿命、较低的热负荷、较好的储能性质等。

对于镱离子掺杂玻璃光纤激光器可以用三能级或四能级系统进行描述。对于四能级跃迁来说,激射波长变化范围从 1 010 nm 到 1 200 nm,如果产生波长为 975 nm 的激光,则用三能级跃迁系统来描述。通常来说,激光器是在三能级系统还是在四能级系统下运行主要取决于泵浦波长和激光波长。一般来说,激光器的输出波长小于 1 000 nm 时可用三能级系统进行设计分析,如输出波长大于 1 000 nm 则通过四能级系统进行设计分析。

本章的研究重点侧重于输出波长大于 1 000 nm 的准四能级系统结构。

镱离子的能级结构能够简化为三能级结构和准四能级结构。假设镱离子吸收光子后从基态能级的第一个子能级被激发到激发态能级中三个子能级中的一个,其吸收强度是波长的高斯函数,三个子能级分别有三个高斯函数,三个函数叠加后形成一个新函数,此图像就是镱离子的吸收谱。典型的吸收谱如图 13.3 中实线所示。

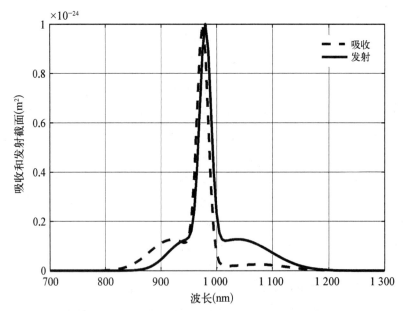

图 13.3 镱离子掺杂玻璃吸收光谱和发射光谱

同样地,可以假设镱离子吸收光子后电子从激发态能级中的第一个子能级跃迁到基态能级中四个子能级中的一个,其发射强度也是波长的高斯函数,四个子能级具有四个高斯函数,将四个函数叠加后得到镱离子的发射谱,典型的发射谱如图 13.3 中虚线所示:

13.2.2　端面泵浦掺镱双包层光纤激光器理论模型

1. Yb³⁺ 离子速率方程

Yb³⁺ 离子的四能级系统结构为图 13.2 所示。

在考虑自发辐射的情况下,四能级系统的 Yb³⁺ 离子的速率方程为

$$\frac{dN_1}{dt} = W_{41}N_4 - W_{14}N_1 + A_{21}N_2 + A_{41}N_4 \tag{13.20}$$

$$\frac{dN_2}{dt} = W_{32}N_3 - W_{23}N_2 - A_{21}N_2 + A_{32}N_3 \tag{13.21}$$

$$\frac{dN_3}{dt} = W_{23}N_2 - W_{32}N_3 - (A_{32} + A_{31})N_3 + A_{43}N_4 \tag{13.22}$$

$$\frac{dN_4}{dt} = W_{14}N_1 - W_{41}N_4 - A_{43}N_4 \tag{13.23}$$

$$N = N_1 + N_2 + N_3 + N_4 \approx N_1 + N_3 \tag{13.24}$$

式中的 N 为掺镱离子的浓度, $W_{14} = \sigma_{ap}P_p/hV_p$, $W_{41} = \sigma_{ep}P_p/hV_p$, $W_{32} = \sigma_{es}P_s/hV_s$, $W_{23} = \sigma_{as}P_s/hV_s$, $\sigma_{as}(\sigma_{es})$ 与 $\sigma_{ap}(\sigma_{ep})$ 分别是激光和泵浦光的吸收(发射)截面。激光与泵浦光的功率分别是 P_s 与 P_p。 A_{ij} 表示从能级 i 到能级 j 辐射弛豫与非辐射弛豫时间。吸收截面和发射截面以及弛豫时间受到离子掺杂情况的影响,截面大小随基质材料的改变而变化。

2. 功率传播方程

因为光纤激光器都使用 LD 当作抽运源,所以仅考虑泵浦光和激光输出线宽都相对来说比较窄的情形。端面泵浦光纤激光器中的泵浦光与激光的工作原理如图 13.4 所示。

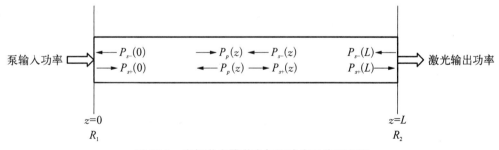

图 13.4　光纤激光器激光与泵浦光工作原理图

依据光纤激光器工作原理,Yb³⁺ 离子的速率方程能够进一步简化为如下

$$\frac{dp_p^{\pm}(z)}{dz} = \mp \Gamma_p[\sigma_{14}N_1(z) - \sigma_{41}N_4N_3(z)]p_p^{\pm}(z) \mp \alpha_p p_p^{\pm}(z) \tag{13.25}$$

$$\frac{\mathrm{d}p_s^{\pm}(z)}{\mathrm{d}z} = \pm\Gamma_s[\sigma_{32}N_3(z) - \sigma_{23}N_2(z)]p_s^{\pm}(z) \mp \alpha_s p_s^{\pm}(z) \tag{13.26}$$

$$\frac{N_3(z)}{N} = \frac{\dfrac{[p_p^+(z) + p_p^-(z)]\sigma_{14}\Gamma_p}{h\nu_p A_c} + \dfrac{\Gamma_s\sigma_{23}[p_s^+(z) + p_s^-(z)]}{h\nu_s A_c}}{\dfrac{[p_p^+(z) + p_p^-(z)](\sigma_{14}+\sigma_{41})\Gamma_p}{h\nu_p A_c} + \dfrac{1}{\tau} + \dfrac{\Gamma_s(\sigma_{23}+\sigma_{32})[p_s^+ + p_s^-(z)]}{h\nu_s A_c}}$$

$$\tag{13.27}$$

式(13.27)是描述处于光纤上不同位置处 Yb^{3+} 离子的上能级粒子浓度与前、后向泵浦光功率 $p_p^+(z)$ 与 $p_p^-(z)$ 以及相对应的前、后向传输功率 $p_s^+(z)$ 与 $p_s^-(z)$ 之间的关系。纤芯中 Yb^{3+} 浓度用 N 来表示。A_c 用来表示纤芯截面积，而 Γ_s 与 Γ_p 则分别表示双包层掺镱光纤对泵浦光与光纤激光的功率填充因子，h 为普克朗常数，τ 为镱离子亚稳态的平均能级寿命，ν_p 以及 ν_s 则分别为泵浦光频率与激光频率。

式(13.25)描述了光纤不同位置处泵浦光功率 $p_p^+(z)$ 与 $p_p^-(z)$ 的变化规律，相应的式(13.26)描述了光纤上不同位置处 $p_s^+(z)$ 与 $p_s^-(z)$ 的变化规律。其中，$p_0 = 2h\nu_s\Delta\nu_s$ 为增益带宽 $\Delta\nu_s$ 内自发辐射对激光功率的贡献，它的数值十分小，所以我们在之后的推导过程中不考虑它。α_s 和 α_p 分别为双包层光纤对激光和对泵浦光的散射损耗。

由式(13.25)联立能够得到

$$\frac{\mathrm{d}p_p^{\pm}(z)}{p_p^{\pm}(z)} = \{\mp\Gamma_p[\sigma_{14}N - (\sigma_{14}+\sigma_{41})N_4(z)] \mp \alpha_p\}\mathrm{d}z \tag{13.28}$$

$$\frac{\mathrm{d}p_s^{\pm}(z)}{p_s^{\pm}(z)} = \{\pm\Gamma_s[\sigma_{23}N - (\sigma_{23}+\sigma_{32})N_3(z)] \mp \alpha_s\}\mathrm{d}z \tag{13.29}$$

随后对式(13.28)两边进行积分得到

$$\ln\left(\frac{p_p^+(L)}{p_p^+(0)}\right) = \ln\left(\frac{p_p^-(0)}{p_p^-(L)}\right) = -N\Gamma_p\sigma_{14}L + \Gamma_p(\sigma_{14}+\sigma_{41})\int_0^L N_4(z)\mathrm{d}z - \alpha_p L$$

$$\tag{13.30}$$

随后依据式(13.29)能够推出光纤激光器的增益表达式

$$G_s = \int_0^L (\Gamma_s\sigma_{32}N_3 - \alpha_s)\mathrm{d}z = \Gamma_s\sigma_{32}\int_0^L N_3\mathrm{d}z - \alpha_s l \tag{13.31}$$

对于使用线性谐振腔的光纤激光器，其稳定输出条件为

$$R_1 R_2 \exp(2G_s) = 1 \tag{13.32}$$

上述表达式中的 R_1，R_2 分别代表前、后向腔镜对于激光的反射率。将式(13.30)，(13.31)和(13.32)进行互相联立后得到

$$\beta = \ln\left[\frac{p_p^+(L)}{p_p^+(0)}\right] = \ln\left[\frac{p_p^-(0)}{p_p^-(L)}\right]$$

$$= \frac{(\sigma_{41} + \sigma_{14})\Gamma_p}{(\sigma_{32} + \sigma_{23})\Gamma_s}\left[(N\Gamma_s\sigma_{23} + \alpha_s)L + \ln\left(\frac{1}{\sqrt{R_1 R_2}}\right)\right] - (N\Gamma_p\sigma_{14} + \alpha_p)L \tag{13.33}$$

式(13.27)能够改写为

$$\frac{N_3(z)}{N} = \frac{\dfrac{p_p^+(z) + p_p^-(z)}{p_{p,\,sat}} \cdot \dfrac{\sigma_{14}}{\sigma_{14} + \sigma_{41}} + \dfrac{p_s^+(z) + p_s^-(z)}{p_{s,\,sat}} \cdot \dfrac{\sigma_{23}}{\sigma_{23} + \sigma_{32}}}{\dfrac{p_p^+(z) + p_p^-(z)}{p_{p,\,sat}} + 1 + \dfrac{p_s^+(z) + p_s^-(z)}{p_{s,\,sat}}} \tag{13.34}$$

式中，饱和激光输出功率的表达式为 $p_{s,\,sat} = h\nu_s A_c / \tau\Gamma_s(\sigma_{23} + \sigma_{32})$，相应的饱和泵浦功率的表达式为 $p_{p,\,sat} = h\nu_p A_c / \tau\Gamma_p(\sigma_{14} + \sigma_{41})$。由此能够对表达式(13.34)进行进一步简化，从而得到

$$\frac{p_s^+(z) + p_s^-(z)}{p_{s,\,sat}} \cdot \frac{N_3(z)(\sigma_{23} + \sigma_{32}) - N\sigma_{23}}{N(\sigma_{23} + \sigma_{32})}$$

$$= -\frac{N_3(z)}{N} + \frac{N\sigma_{14} - N_3(Z)(\sigma_{14} + \sigma_{41})}{N(\sigma_{14} + \sigma_{41})} \cdot \frac{p_p^+(z) + p_p^-(z)}{p_{p,\,sat}} \tag{13.35}$$

紧接着联立方程式(13.33)，(13.34)以及(13.35)得到

$$\frac{\tau}{A_c\nu_s h}\left(\frac{dp_s^+(z)}{dz} - \frac{dp_s^-(z)}{dz}\right) + \frac{\tau}{A_c\nu_p h}\left(\frac{dp_p^+(z)}{dz} - \frac{dp_p^-(z)}{dz}\right) + N_3(z) = 0$$

$$\tag{13.36}$$

再通过表达式(13.25)与表达式(13.26)便能够很容易得出如下的守恒关系

$$p_s^+(z) + p_s^-(z) = p_s^+(0) + p_s^-(0) = p_s^+(L) + p_s^-(L) = C \tag{13.37}$$

线性谐振腔激光器的边界条件为

$$p_p^+(0) = p_p^l, \quad p_p^-(L) = p_p^r \tag{13.38}$$

$$p_s^+(0) = R_1 p_s^-(0) \tag{13.39}$$

$$p_s^-(L) = R_2 p_s^+(L) \tag{13.40}$$

式中，p_p^l 为左端面注入双包层光纤内包层的泵浦光功率。相应的 p_p^r 为右端面注入双包层光纤内包层的泵浦光功率。

将表达式(13.36)，(13.37)，(13.38)，(13.39)和(13.40)互相进行联立，从而对表达式(13.36)在整个双包层光纤的长度上进行积分，能够得出 $p_s^+(L)$ 的表达式为

$$p_s^+(L) = \frac{\sqrt{R_1} \cdot p_{p,\,\mathrm{sat}}}{(1-R_1)\sqrt{R_2} + (1-R_2)\sqrt{R_1}} \cdot$$

$$\left[(1-\exp(-\beta)) \frac{\nu_s}{\nu_p} \cdot \frac{p_p^+(0) + p_p^-(L)}{p_{s,\,\mathrm{sat}}} - (N\Gamma_s\sigma_{23} + \alpha_s)L - \ln\left[\frac{1}{\sqrt{R_1 R_2}}\right] \right]$$

$$(13.41)$$

所以,能够相应的表达出光纤激光器的输出激光功率是

$$p_{\mathrm{out}} = (1-R_2)p_s^+(L) = \frac{(1-R_2)\sqrt{R_1} \cdot p_{p,\,\mathrm{sat}}}{(1-R_1)\sqrt{R_2} + (1-R_2)\sqrt{R_1}} \cdot$$

$$\left[(1-\exp(-\beta)) \frac{\nu_s}{\nu_p} \cdot \frac{p_p^+(0) + p_p^-(L)}{p_{s,\,\mathrm{sat}}} - (N\Gamma_s\sigma_{23} + \alpha_s)L - \ln\left[\frac{1}{\sqrt{R_1 R_2}}\right] \right]$$

$$(13.42)$$

此外,我们能够利用下面的两个表达式来计算出光纤激光器的斜率效率和阈值功率:

$$\eta_s = \frac{\mathrm{d}p_{\mathrm{out}}}{\mathrm{d}p_p} = \frac{(1-R_2)\sqrt{R_1}}{(1-R_1)\sqrt{R_2} + (1-R_2)\sqrt{R_1}} \cdot \frac{\nu_s}{\nu_p} \cdot (1-\exp(-\beta)) \quad (13.43)$$

$$p_{\mathrm{th}} = \frac{(N\Gamma_s\sigma_{23} + \alpha_s)L + \ln\left[\dfrac{1}{\sqrt{R_1 R_2}}\right]}{1-\exp(-\beta)} \cdot \frac{\nu_p}{\nu_s} \cdot p_{s,\,\mathrm{sat}} \qquad (13.44)$$

3. 计算输出功率的算法

为了运用程序对光纤激光器进行数值仿真,需要对光纤激光器的速率方程组进行简化使其能够对应于程序语言。因此,速率方程组式(13.11)、式(13.12)、式(3.13)、式(13.14)能够被简化为如下的形式

$$y_1' = f_1(y_1, y_2, y_3, y_4) \tag{13.45}$$

$$y_2' = f_2(y_1, y_2, y_3, y_4) \tag{13.46}$$

$$y_3' = f_3(y_1, y_2, y_3, y_4) \tag{13.47}$$

$$y_4' = f_4(y_1, y_2, y_3, y_4) \tag{13.48}$$

在上述方程组表达式中,$y_1(z)$ 和 $y_2(z)$ 分别代表了双包层光纤中前、后向泵浦光功率 $p_p^+(z)$ 与 $p_p^-(z)$。相对应的 $y_3(z)$ 与 $y_4(z)$ 则分别代表了双包层光纤中前、后向光纤传输激光功率 $p_s^+(z)$ 与 $p_s^-(z)$。它们都是以光纤纵向位置为变量的 z 的函数。并且在 $Z=L$ 与 $Z=0$ 的双包层光纤的两端处,具有如下的边界条件

$$y_1(0) = p_p^l \tag{13.49}$$

$$y_2(L) = p_p^r \tag{13.50}$$

$$y_3(0) = R_1 y_4(0) \tag{13.51}$$

$$y_4(L) = R_2 y_3(L) \tag{13.52}$$

表达式中 L 为光纤的长度,方程表达式组(13.45)、(13.46)、(13.47)、(13.48)、(13.49)是一个十分常见的常微分方程组,与它的 4 个边界条件表达式一起组成了位于 $Z=0$ 以及 $Z=L$ 的两点边值问题。两点边值问题的数值解法有松弛法和打靶法。在具体的对边值问题进行数值求解的时候还需要用到 Gauss 消除法、Newton – Raphson 法、Runge – Kutta 法等相对较为复杂且繁琐的计算方法。如果合理运用来求解两点边值问题数值解的 Matlab 自带函数 bvp4c(),能够大大简化求解的过程。

下面列出 matlab 仿真计算时所需要用到的相关物理参数的具体数值于表 13.1 中。

表 13.1　仿真所用物理参数表

符　号	物 理 参 数	数　值	单　位
λ_p	泵浦光中心波长	974.0	nm
λ_s	光纤激光中心波长	1 100.0	nm
τ	镱离子上平均能级寿命	0.8	ms
σ_{ap}	抽运光的吸收截面	2.6×10^{-20}	cm^2
σ_{ep}	抽运光的发射截面	2.6×10^{-20}	cm^2
σ_{as}	光纤激光的吸收截面	1.0×10^{-23}	cm^2
σ_{es}	光纤激光的发射截面	1.6×10^{-21}	cm^2
A_c	纤芯的截面积	3.1×10^{-6}	cm^2
N	纤芯中镱离子的掺杂浓度	5.5×10^{19}	cm^{-3}
α_p	双包层光纤对泵浦光的损耗	2.0×10^{-5}	cm^{-1}
α_s	双包层光纤对激光的损耗	4.0×10^{-6}	cm^{-1}
L	双包层光纤的长度	1.0	m
Γ_p	泵浦光功率填充因子	0.002 4	
Γ_s	激光功率填充因子	0.82	
R_1	前腔镜反射率	0.99	
R_2	后腔镜反射率	0.35	

通过式(13.42)计算得到的激光输出功率如图 13.5 所示。

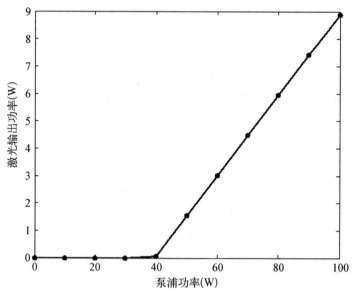

图 13.5　掺镱双包层光纤激光器的泵浦抽运功率与输出功率示意图

第14章 非线性光学基础

14.1 非线性效应和谐波产生

任何介质都有一定的导电性,这是由于原子是由原子核和核外电子组成的。通过在介质上施加电场,原子和分子都被外部电场极化,形成极化电场 P。对于线性材料而言,极化电场与外加电场成正比,$P = \varepsilon_o x E$,其中 x_E 是电极化率。当外加电场增强时,在强电场作用下极化电场与入射电场不再满足线性关系,而满足

$$P = \varepsilon_o x_1 E + \varepsilon_o x_2 E^2 + \varepsilon_o x_3 E^3 + \cdots \tag{14.1}$$

其中 x_1,x_2,x_3 分别表示线性、二阶和三阶极化率。高阶系数随着阶次增加而迅速衰减,因此三阶以上的影响可以忽略。

二阶和三阶效应必须在强电场作用下才会表现出非线性效应,这要求激发源必须为激光光源。所有材料都具有三阶非线性而只有部分材料具有二阶非线性,原理与 Pockles 效应相同,二阶非线性是某些晶体的重要性质,因为在外界光激发下会产生倍频光输出。

如图 14.1 所示,在无场强或较弱场强下,单色光通过介质后频率不会变化。而在强电场下,极化电场不仅具有原来的频率成分 ω,而且还具有倍频 2ω 和直流成分 DC。因此,极化电场可以表示为

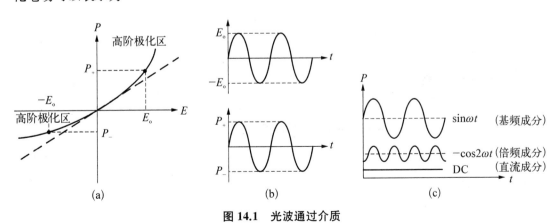

图 14.1 光波通过介质

（a）在外场作用下的诱导极化与非线性介质的光场 （b）正弦光场振荡曲线
（c）光波通过非线性晶体时晶体中存在三种不同频率的场

173

$$P = \varepsilon_0 \chi_1 E_0 \sin(\omega t) - \frac{1}{2}\varepsilon_0 \chi_2 E_0^2 \cos(2\omega t) + \frac{1}{2}\varepsilon_0 \chi_2 E_0^2 \tag{14.2}$$

由于 λ 射电场激发的极化波会在晶体中产生干涉现象,而晶体对不同频率的光产生不同的折射率,随着前向传播的入射波不断激发新的二次谐波,而二次谐波的传播速度会由于与基波的传播速度不同而相消。为了保证二次谐波能透过晶体,必须满足相位匹配条件 $n(\omega) = n(2\omega)$,但这个条件在一些特殊晶体中才能满足(见图 14.2)。

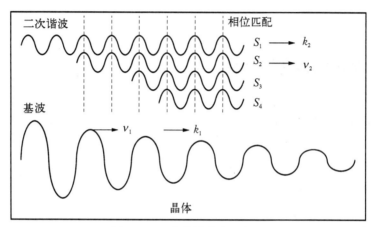

图 14.2 二次谐波产生示意图

为此,我们可以通过双折射晶体来实现。由于常光和非常光的折射率不同,当我们选择一定的入射角度 θ,使得 $n_e(2\omega) = n_o(\omega)$ 时,即可以实现折射率匹配,此时的入射光与光轴的夹角为相位匹配角。这样,我们能够保证输出光中具有谐波成分而使透过光强度最大化。

如果要得到特定频率的光,只需要在接收端添加一个滤波器就能实现。

我们也可以从微观上解释谐波的产生。如图 14.3 所示,当两个基频光子照射到介质原子中产生二次谐波光子时,由动能守恒和动量守恒可以得到

$$\hbar\omega_1 + \hbar\omega_1 = \hbar\omega_2 \tag{14.3}$$

$$\hbar k_1 + \hbar k_1 = \hbar k_2 \tag{14.4}$$

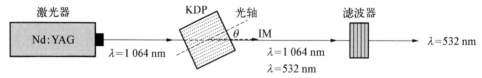

图 14.3 采用 KDP 晶体使得光频加倍的原理图

即满足

$$n_1/\lambda_1 + n_1/\lambda_1 = n_2/\lambda_2 \tag{14.5}$$

$$n_1 \times \frac{2}{\lambda_1} = n_2 \times \frac{1}{\lambda_1/2}$$

$$n_1 = n_2$$

得到 $n(\omega)=n(2\omega)$。

二次谐波的产生机理如图 14.4 所示。

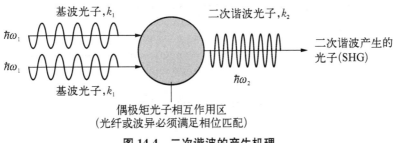

基波光子,k_1

二次谐波光子,k_2

$\hbar\omega_1$

$\hbar\omega_1$

二次谐波产生的光子(SHG)

$\hbar\omega_2$

基波光子,k_1

偶极矩光子相互作用区
(光纤或波异必须满足相位匹配)

图 14.4　二次谐波的产生机理

14.2　光纤参量效应和谐波过程

如图 14.5 所示,在极化率为 χ 的非线性晶体波导中,在外场 E_1 和 E_2 的作用下,三阶非线性极化强度为

$$P_{\mathrm{NL}}=\varepsilon_0\chi^{(3)}\vdots EEE \tag{14.6}$$

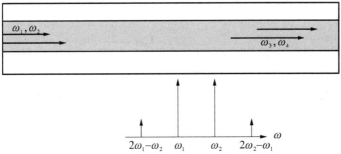

ω_1,ω_2

ω_3,ω_4

$2\omega_1-\omega_2$　ω_1　ω_2　$2\omega_2-\omega_1$　ω

图 14.5　非线性晶体材料波导中四波混频产生的示意图

由于极化效应,产生四波混频,其电场强度表示为

$$E=\chi\frac{1}{2}\sum_{j=1}^{4}E_j\exp[\mathrm{j}(\beta_jz-\omega_jt)]+c.c. \tag{14.7}$$

由四个电场又产生四个极化强度

$$P_{\mathrm{NL}}=\chi\frac{1}{2}\sum_{j=1}^{4}P_j\exp[\mathrm{j}(k_jz-\omega_jt)]+c.c. \tag{14.8}$$

其中

$$P_4=\frac{3\varepsilon_0}{4}\chi^{(3)}_{xxxx}\{[\mid E_4\mid^2+2(\mid E_1\mid^2+\mid E_2\mid^2+\mid E_3\mid^2)]E_4$$
$$+2E_1E_2E_3\cdot\mathrm{e}^{\mathrm{j}\theta_+}+2E_1E_2E_3^*\cdot\mathrm{e}^{\mathrm{j}\theta_-}+\cdots\} \tag{14.9}$$

其中

$$\theta_+ = (\beta_1 + \beta_2 + \beta_3 - \beta_4)z - (\omega_1 + \omega_2 + \omega_3 - \omega_4)t \tag{14.10}$$

$$\theta_- = (\beta_1 + \beta_2 - \beta_3 - \beta_4)z - (\omega_1 + \omega_2 - \omega_3 - \omega_4)t \tag{14.11}$$

相位匹配常数

$$\Delta\beta = \beta_3 + \beta_4 - \beta_1 - \beta_2 = (n_3\omega_3 + n_4\omega_4 - n_1\omega_1 - n_2\omega_2)/c = 0 \tag{14.12}$$

由于满足能量守恒

$$\hbar\omega_4 = \hbar\omega_1 + \hbar\omega_2 - \hbar\omega_3 \tag{14.13}$$

极化强度之间的关系为

$$P_4(L) = \frac{\eta}{9} D^2 \gamma^2 P_1 P_2 P_3 \mathrm{e}^{-\alpha L} L_{\mathrm{eff}}^2 \tag{14.14}$$

其中 D 为材料参数，γ 为材料的非线性光学系数，L_{eff} 是四波混频过程有效作用长度，α 是衰减系数，L 为传播距离。非线性折射率为

$$n_2 = \frac{3\mathrm{Re}(\chi^{(3)})}{4\varepsilon_0 c n_0^2} \tag{14.15}$$

电场强度也可以表示为

$$E(x, y, z) = f(x, y)\frac{1}{2}\left[A_p(z) \cdot \mathrm{e}^{\mathrm{j}\beta_p z - \mathrm{j}\omega_p t} + A_s(z) \cdot \mathrm{e}^{\mathrm{j}\beta_s z - \mathrm{j}\omega_s t} + A_i(z) \cdot \mathrm{e}^{\mathrm{j}\beta_i z - \mathrm{j}\omega_i t} + c.c\right] \tag{14.16}$$

其中泵浦光、信号光和闲置光振幅分别满足

$$\frac{\mathrm{d}A_p}{\mathrm{d}z} = \mathrm{j}\gamma\left[(|A_p|^2 + 2|A_s|^2 + 2|A_i|^2)A_p + 2A_s A_i A_p^* \mathrm{e}^{\mathrm{j}\Delta\beta z}\right]$$

$$\frac{\mathrm{d}A_s}{\mathrm{d}z} = \mathrm{j}\gamma\left[(|A_s|^2 + 2|A_i|^2 + 2|A_p|^2)A_s + 2A_i^* A_p^* \mathrm{e}^{\mathrm{j}\Delta\beta z}\right] \tag{14.17}$$

$$\frac{\mathrm{d}A_i}{\mathrm{d}z} = \mathrm{j}\gamma\left[(|A_i|^2 + 2|A_s|^2 + 2|A_p|^2)A_i + 2A_s^* A_p^* \mathrm{e}^{\mathrm{j}\Delta\beta z}\right]$$

也可以表示为

$$A_{p,s,i}(z) = \sqrt{P_{p,s,i}} \cdot \exp(\mathrm{j}\phi_{p,s,i}) \tag{14.18}$$

泵浦光、信号光和闲置光功率分别满足

$$\frac{\mathrm{d}P_p}{\mathrm{d}z} = -4\gamma(P_p^2 P_s P_i)^{1/2}\sin\theta$$

$$\frac{\mathrm{d}P_s}{\mathrm{d}z} = 2\gamma(P_p^2 P_s P_i)^{1/2}\sin\theta \tag{14.19}$$

$$\frac{\mathrm{d}P_i}{\mathrm{d}z} = 2\gamma(P_p^2 P_s P_i)^{1/2}\sin\theta$$

相位角参数随传播距离 z 的变化为

$$\frac{\mathrm{d}\theta}{\mathrm{d}z} = \Delta\beta + \gamma(2P_p - P_s - P_i) + \gamma\left[2\left(\frac{P_p^2 P_i}{P_s}\right)^{1/2} - 4(P_s P_i)^{1/2}\right]\cos\theta \quad (14.20)$$

可以表示为

$$\theta(z) = \Delta\beta z + 2\phi_p(z) - \phi_s(z) - \phi_i(z) \quad (14.21)$$

$$\frac{\mathrm{d}\theta}{\mathrm{d}z} \approx \Delta\beta + \gamma(2P_p - P_s - P_i) \approx \Delta\beta + 2\gamma P_p = \kappa \quad (14.22)$$

信号光，闲置光与泵浦光功率的关系可以推导得到

$$P_s(L) = P_s(0)\left\{1 + \left[\frac{\gamma P_p}{g}\sinh(gL)\right]^2\right\}$$

$$P_i(L) = P_s(0)\left[\frac{\gamma P_p}{g}\sinh(gL)\right]^2 \quad (14.23)$$

其中信号光增益系数为

$$g^2 = (\gamma P_p)^2 - (\kappa/2)^2 = -\Delta\beta\left(\frac{\Delta\beta}{4} + \gamma P_p\right) \quad (14.24)$$

当增益系数 g 为实数时，信号光增益为

$$G_s = \frac{P_s(L)}{P_s(0)} = 1 + \left[\frac{\gamma P_p}{g}\sinh(gL)\right]^2 = 1 + (\gamma P_p L)^2\left(1 + \frac{gL^2}{6} + \frac{gL^4}{120} + \cdots\right)^2$$

$$(14.25)$$

当增益系数 g 为虚数时，信号光增益为

$$G_s = 1 + \left[\frac{\gamma P_0}{j g_r}\sinh(j g_r L)\right]^2 = 1 + \left[\frac{\gamma P_0}{j g_r}j\sin(g_r L)\right]^2 = 1 + [\gamma P_0 L \cdot \mathrm{sinc}(g_r L)]^2$$

$$(14.26)$$

闲置光增益为

$$G_i \approx \sinh^2(gL) \approx \sinh^2(\gamma P_p L) = \frac{[\exp(\gamma P_p L) - \exp(-\gamma P_p L)]^2}{4} \approx \frac{1}{4}\exp(2\gamma P_p L)$$

$$(14.27)$$

其中传播常数

$$\beta_3 = \beta(\omega_1) + \frac{\mathrm{d}\beta}{\mathrm{d}\omega}(\omega_1)\cdot(\omega_3 - \omega_1) + \frac{1}{2}\frac{\mathrm{d}^2\beta}{\mathrm{d}\omega^2}(\omega_1)\cdot(\omega_3 - \omega_1)^2 + \cdots$$

$$= \beta(\omega_1) + \sum_{n=1}^{\infty}\frac{\beta^{(n)}}{n!}(\omega_3 - \omega_1)^n \quad (14.28)$$

$$\beta_4 = \beta(\omega_1) + \sum_{n=1}^{\infty} \frac{\beta^{(n)}}{n!}(\omega_4 - \omega_1)^n \tag{14.29}$$

相位匹配常数

$$\Delta\beta = \beta(\omega_1) + \sum_{n=1}^{\infty} \frac{\beta^{(n)}}{n!}(\omega_3 - \omega_1)^n + \beta(\omega_1) + \sum_{n=1}^{\infty} \frac{\beta^{(n)}}{n!}(\omega_4 - \omega_1)^n - 2\beta(\omega_1)$$

$$= \sum_{n=1}^{\infty} \frac{\beta^{(n)}}{n!}\left[(\omega_3 - \omega_1)^n + (\omega_4 - \omega_1)^n\right] \tag{14.30}$$

式(14.23)为计算任意光纤非线性介质中四波混频过程的信号光和闲置光功率以及增益随光纤长度的变化的通用公式。

第15章 光子晶体器件

光子晶体是指具有光子带隙特性的人工周期性电磁介质结构。该结构是由不同折射率的介质周期性排列而成的。由于介电常数存在空间上的周期性,引起空间折射率的周期变化,当介电常数的变化足够大且变化周期与光波长相当时,光波的色散关系出现带状结构,此即光子能带结构。这些被禁止的频率区间称为"光子频率带隙",频率落在禁带中的光或电磁波是被严格禁止传播的,通常将具有"光子频率带隙"的周期性介电结构称作为光子晶体。

15.1 倒格子和布里渊区

图 15.1 为介质中空气孔正方形晶格排列的二维光子晶体实空间结构(a_1, a_2)、倒易空间结构(b_1, b_2)和布里渊区结构。

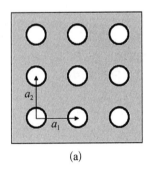 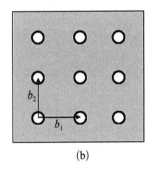 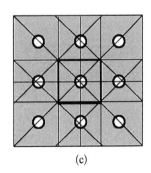

(a)   (b)   (c)

图 15.1 介质中空气孔棒正方形晶格排列的二维光子晶体

(a) 实空间结构   (b) 倒易空间结构   (c) 布里渊区

空气孔为正方形晶格排列的二维光子晶体实空间矢量可表示为

$$a_1 = a\,x \quad a_2 = a\,y \tag{15.1}$$

空气孔为正方形晶格排列的二维光子晶体倒易空间矢量可表示为

$$b_1 = \frac{2\pi}{a}\,x, \quad b_2 = \frac{2\pi}{a}\,y \tag{15.2}$$

空气孔为正方形晶格排列的二维光子晶体布里渊区矢量可表示为

$$\Gamma = \frac{2\pi}{a}[0, 0]$$

$$M = \frac{2\pi}{a}\left[\frac{1}{2}, \frac{1}{2}\right]$$

$$X = \frac{2\pi}{a}\left[\frac{1}{2}, 0\right] \tag{15.3}$$

图 15.2 为介质中空气孔三角形晶格排列的二维光子晶体实空间结构(a_1, a_2)、倒易空间结构(b_1, b_2)和布里渊区结构。

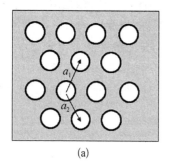 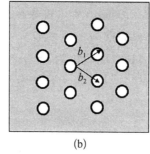 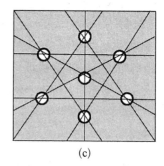

(a)　　　　　　　　　　(b)　　　　　　　　　　(c)

图 15.2　介质中空气孔三角形晶格排列的二维光子晶体

（a）实空间结构　（b）倒易空间结构　（c）布里渊区结构

介质中空气孔为三角形晶格排列的二维光子晶体实空间矢量可表示为

$$a_1 = a(x + \sqrt{3}\,y)/2$$
$$a_2 = a(x - \sqrt{3}\,y)/2 \tag{15.4}$$

介质中空气孔为三角形晶格排列的二维光子晶体倒易空间矢量可表示为

$$b_1 = \frac{2\pi}{a}(x + \sqrt{3}\,y)$$

$$b_2 = \frac{2\pi}{a}(x - \sqrt{3}\,y) \tag{15.5}$$

介质中空气孔为三角形晶格排列的二维光子晶体布里渊区矢量可表示为

$$\Gamma = \frac{2\pi}{a}[0, 0]$$

$$M = \frac{2\pi}{a}\left[\frac{\sqrt{3}}{3}, 0\right]$$

$$K = \frac{2\pi}{a}\left[\frac{\sqrt{3}}{3}, \frac{1}{3}\right] \tag{15.6}$$

图 15.3 为介质球金刚石晶格排列的三维光子晶体实空间结构(a_1，a_2，a_3)、倒易空间结构(b_1，b_2，b_3)和布里渊区结构。

介质球金刚石晶格排列的三维光子晶体实空间矢量可表示为

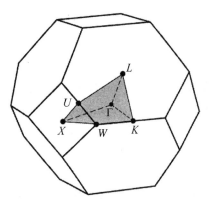

$$a_1 = a\left[\frac{1}{2}, \frac{1}{2}, 0\right]$$

$$a_2 = a\left[0, \frac{1}{2}, \frac{1}{2}\right]$$

$$a_3 = a\left[\frac{1}{2}, 0, \frac{1}{2}\right] \tag{15.7}$$

图 15.3 介质球金刚石晶格排列的三维光子晶体结构

介质球金刚石晶格排列的三维光子晶体倒易空间矢量可表示为

$$b_1 = \frac{2\pi}{a}(x + \sqrt{3}y)$$

$$b_2 = \frac{2\pi}{a}(x - \sqrt{3}y) \tag{15.8}$$

介质球金刚石晶格排列的三维光子晶体布里渊区矢量可表示为

$$X = \frac{2\pi}{a}[1, 0, 0]$$

$$U = \frac{2\pi}{a}\left[1, \frac{1}{4}, \frac{1}{4}\right]$$

$$\Gamma = \frac{2\pi}{a}[0, 0, 0]$$

$$L = \frac{2\pi}{a}\left[\frac{1}{2}, \frac{1}{2}, \frac{1}{2}\right]$$

$$K = \frac{2\pi}{a}\left[\frac{3}{4}, \frac{3}{4}, 0\right] \tag{15.9}$$

15.2 光子能带和光子带隙

所谓光子带隙，与半导体的电子带隙类似，指的是某一频率范围的波不能在此周期性结构中传播，即这种结构本身存在"禁带"。与半导体晶格对电子波函数的调制相类似，光子带隙材料能够调制具有相应波长的电磁波：当电磁波在光子带隙材料中传播时，由于存在散射而受到调制,电磁波能量形成能带结构 。能带与能带之间出现带隙,即光子带隙。所有能量处在光子带隙内的光子,不能进入该晶体。

光子晶体的形成及相应禁带的出现需要满足一定的条件:① 不同折射率材料的周期性排列;② 材料的排列周期与入射波长相近。而决定光子晶体带隙的因素不仅与形成晶体的条件有关,还与构成该晶体材料的折射率和几何构型相关。一般来说,如果光子晶体中两种介质的介电常数的差异足够大,在介质交界面就会发生布拉格散射,而且介电常数比越大,入射光被散射得越强烈,出现光子禁带的可能性就越大。

完整的光子晶体周期性结构实用意义不大,依据其性质可以用于滤波器的设计。如同本征半导体一样,其导电性和实用性不太强。而在光子晶体中人为的引进缺陷时,光子晶体就会出现另一种独特的性质——光子局域。在光子晶体中,如果原有的周期性或者对称性受到破坏,在其光子禁带中就可能出现频率极窄的缺陷态,与缺陷态频率吻合的光子会被局域在缺陷位置,一旦偏离缺陷态频率位置光就将迅速衰减。

光子晶体和半导体在基本模型和研究思路上有许多相似之处,原则上人们可以通过设计和制造光子晶体及其器件,达到控制光子运动的目的。例如在光子晶体中人为的引进线缺陷,形成线缺陷波导,就能让特定频率的光沿着缺陷波导无损耗的传播,完全实现光路的可控性。

众所周知,自由空间辐射场的频率 ω,光速 c 以及波数 k,满足下面的关系

$$\omega = ck \tag{15.10}$$

这个方程是辐射场的色散关系。在体积为 V 的自由空间,辐射场的态密度 $D(\omega)$ 与 ω^2 成正比

$$D(\omega) = \frac{\omega^2 V}{\pi^2 c^3} \tag{15.11}$$

在均匀介质中,用 $v = c/n$ 替换(15.11)式中的 c 可以得到态密度,这里 n 是均匀介质的折射率。

原子和分子的光学性质与态密度关系极为密切。如果设计并修正态密度 $D(\omega)$,分子和原子的光学性质能够得到改变,这是光学物理的关键点。可以通过两种方法实现。一种是用光学微腔,另外一种是用光子晶体。

宏观的电磁现象可以用电场强度矢量 E、电位移矢量 D、磁场强度矢量 H、磁感应强度矢量 B 等四个矢量描述,它们都是空间位置和时间的函数。这个四个场矢量之间的关系由麦克斯韦方程组描述,即

$$\nabla \times H = J + \frac{\partial D}{\partial t}$$

$$\nabla \times E = -\frac{\partial B}{\partial t} \tag{15.12}$$

$$\nabla \cdot B = 0$$

$$\nabla \cdot D = \rho$$

式(15.12)中，J 是介质中的传导电流密度，ρ 是自由电荷密度。当考虑的场是无源场时，J 和 ρ 的值为 0。要完全确定电磁场量，还需要 D、B 与 E、H 之间的本构关系。对于非磁性介质，存在 $B = \mu_0 H$；对于线性介质，有 $D = \varepsilon_0 \varepsilon(r)E$，这里 ε_0 和 μ_0 分别是真空中的介电常数和磁导率，$\varepsilon(r)$ 是传播媒质相对介电常数的分布，r 为位置矢量。

考虑本构关系，将其带入麦克斯韦方程组，分别消去 D 和 B，可得

$$\nabla \times \nabla \times E = \varepsilon_0 \varepsilon_r \mu_0 \frac{\partial^2 E}{\partial t^2}$$

$$\nabla \times \left(\frac{1}{\varepsilon(r)} \nabla \times H \right) = \varepsilon_0 \mu_0 \frac{\partial^2 H}{\partial t^2} \tag{15.13}$$

当考虑一频率为 ω，具有 $\mathrm{e}^{-j\omega t}$ 的时谐特征的单色电磁波时，式(15.13)可写为

$$E(r,\ t) = E_r \mathrm{e}^{-i\omega t},\ H(r,\ t) = H_r \mathrm{e}^{-j\omega t} \tag{15.14}$$

则 15.13 式可写为

$$\nabla \times \nabla \times E(r) = \varepsilon_r \left(\frac{\omega}{c} \right)^2 E(r)$$

$$\nabla \times \left(\frac{1}{\varepsilon(r)} \nabla \times H(r) \right) = \left(\frac{\omega}{c} \right)^2 H(r) \tag{15.15}$$

根据上述两个式子可得到在介质中传播的电磁场能量。对于式(15.15)这样的标准方程，其类似于电子的薛定谔方程，是一个线性本征值问题。用平面波扩展法求解(15.15)方程，可得介质棒方形排列、空气孔三角形排列晶格的色散关系分别如图 15.4，图 15.5 所示。

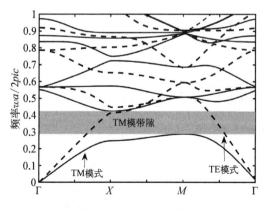

图 15.4　介质棒正方形晶格排列的二维光子晶体色散关系和带隙结构图

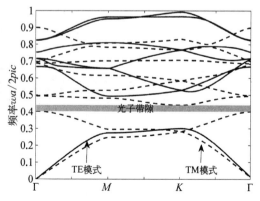

图 15.5　介质背景空气孔三角形晶格排列的二维光子晶体色散关系和带隙结构图

15.3 光子晶体波导

我们采用正六边形圆形空气孔晶格结构,晶格常数为 a,设置空气孔半径 $r=0.30a$,采用折射率 n 为 3.5 的晶体硅构成空气孔阵列的背景材料,移除一排空气孔形成线缺陷波导。此结构对应的能带图如 15.6(a)所示。我们发现,奇模(由椭圆形标注)的能带处在光线(light line)以下,在拐点附近具有较为平坦的色散曲线。偶模、奇模分别如图 15.6(b)和(c)所示。在奇模曲线中的拐点处,频率与波矢的二阶导数为零,因此,此奇模对应着较低的色散,可以用来实现低失真光信号传输。

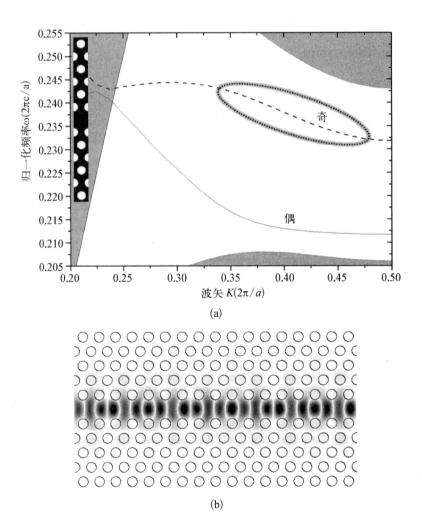

(a)

(b)

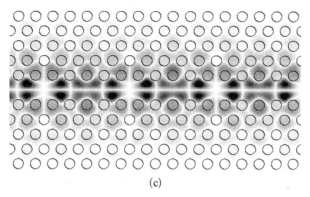

图 15.6　正六边形空气孔晶格结构光子晶体线缺陷波导
(a) 色散关系　　(b) 偶模　　(c) 奇模

15.4　时域有限差分法的原理

15.4.1　导数的差分近似

任意连续函数可以通过在离散点取样来表示,如果取样率足够高,那么取样函数能很好地近似连续函数。离散函数作为原连续函数近似的精度,除了取决于取样率的高低,另一个因素是离散算子的选取,此处考虑微分算子。

对于连续函数 $f(x)$,在 x 点的导数为

$$f'(x) = \lim_{\Delta x \to \infty} \frac{f(x + \Delta x) - f(x)}{\Delta x} \tag{15.16}$$

其中 Δx 是一个非零小量。对式(15.16)的前向、后向、中心差分分别表示为

$$f'(x) \approx \frac{f(x + \Delta x) - f(x)}{\Delta x} \tag{15.17}$$

$$f'(x) \approx \frac{f(x) - f(x - \Delta x)}{\Delta x} \tag{15.18}$$

$$f'(x) \approx \frac{f(x + \Delta x) - f(x - \Delta x)}{2\Delta x} \tag{15.19}$$

对于上述三式引入的误差,可以通过泰勒级数来分析。我们将 $f(x + \Delta x)$ 和 $f(x - \Delta x)$ 用泰勒级数展开,得到如下二式

$$f(x + \Delta x) = f(x) + \Delta x f'(x) + \frac{(\Delta x)^2}{2!} f''(x) + \frac{(\Delta x)^3}{3!} f'''(x) + \cdots \tag{15.20}$$

$$f(x - \Delta x) = f(x) - \Delta x f'(x) + \frac{(\Delta x)^2}{2!} f''(x) - \frac{(\Delta x)^3}{3!} f'''(x) + \cdots \quad (15.21)$$

我们将式(15.20)和式(15.21)分别带入式(15.17)、式(15.18)和式(15.19)得到

$$f'(x) = \frac{f(x + \Delta x) - f(x)}{\Delta x} + o(\Delta x) \quad (15.22)$$

$$f'(x) = \frac{f(x) - f(x - \Delta x)}{\Delta x} + o(\Delta x) \quad (15.23)$$

$$f'(x) = \frac{f(x + \Delta x) - f(x - \Delta x)}{2\Delta x} + o(\Delta x)^2 \quad (15.24)$$

上式中 $o(x)$ 代表误差项。由式(15.22)、(15.23)、(15.24)可知,前向差分和后向差分都有一阶精度,而中心差分具有二阶精度。说明中心差分作为导数的近似,具有较高的精度,这在大多数电磁应用中精度是满足要求的,而且具有编程简单、易于理解的优点。

15.4.2 引入电流和磁流后的麦克斯韦方程组

时域有限差分法直接求解麦克斯韦旋度方程,利用中心差分把旋度方程中的微分算符化为差分形式,达到在一定体积和时间上对连续场的数据取样。为了不失一般性,考虑引入磁荷和磁流后的麦克斯韦方程组,如下

$$\begin{cases} \nabla \times H = \dfrac{\partial D}{\partial t} + J & \text{(a)} \\[2mm] \nabla \times E = -\dfrac{\partial B}{\partial t} - M & \text{(b)} \\[2mm] \nabla \cdot D = \rho_e & \text{(c)} \\[2mm] \nabla \cdot B = \rho_m & \text{(d)} \end{cases} \quad (15.25)$$

其中 E 为电场强度(V/m);H 为磁场强度(A/m^2);D 为电位移矢量(C/m^2);B 为磁通量密度(Wb/m^2);J 为电流密度(A/m^2);M 为磁流密度(V/m^2);ρ_e 为电荷密度(C/m^3);ρ_m 为磁荷密度(Wb/m^3)。

本构关系如下

$$\begin{cases} D = \varepsilon E & \text{(a)} \\ B = \mu H & \text{(b)} \end{cases} \quad (15.26)$$

式中 ε 为媒质的介电常数;μ 为媒质的磁导率。在推导 FDTD 方程时,由于更新方程满足散度方程,所以仅考虑两个旋度方程即可。式(15.25a)中的电流密度 J 等于导体电流密度 J_c 与外加电流密度 J_i 之和,即

$$J = J_c + J_i \quad (15.27)$$

式中 $J_c = \sigma^e E$,σ^e 为电导率(S/m)。

同样,对磁流密度有

$$M = M_c + M_i \tag{15.28}$$

其中 $M_c = \sigma^m H$, σ^m 为导磁率(Ω/m)。

将电流密度 J 分解为导体电流密度 J_c 和外加电流密度 J_i,磁流密度 M 分解为 M_c 和 M_i,带入本构关系(15.26)重写麦克斯韦方程如下

$$\begin{cases} \nabla \times H = \varepsilon \dfrac{\partial E}{\partial t} + \sigma^e E + J_i & \text{(a)} \\[3mm] \nabla \times E = -\mu \dfrac{\partial H}{\partial t} - \sigma^m H - M_i & \text{(b)} \end{cases} \tag{15.29}$$

式(15.29)由两个矢量方程组成,在三维空间中每个矢量方程可以分解为三个标量方程。因此,在直角坐标系下,将麦克斯韦旋度方程可以表示为如下标量方程

$$\begin{cases} \dfrac{\partial E_x}{\partial t} = \dfrac{1}{\varepsilon_x}\left(\dfrac{\partial H_z}{\partial y} - \dfrac{\partial H_y}{\partial z} - \sigma_x^e E_x - J_{ix} \right) & \text{(a)} \\[3mm] \dfrac{\partial E_y}{\partial t} = \dfrac{1}{\varepsilon_y}\left(\dfrac{\partial H_x}{\partial z} - \dfrac{\partial H_z}{\partial x} - \sigma_y^e E_y - J_{iy} \right) & \text{(b)} \\[3mm] \dfrac{\partial E_z}{\partial t} = \dfrac{1}{\varepsilon_z}\left(\dfrac{\partial H_y}{\partial x} - \dfrac{\partial H_x}{\partial y} - \sigma_z^e E_z - J_{iz} \right) & \text{(c)} \\[3mm] \dfrac{\partial H_x}{\partial t} = \dfrac{1}{\mu_x}\left(\dfrac{\partial E_y}{\partial z} - \dfrac{\partial E_z}{\partial y} - \sigma_x^m H_x - M_{ix} \right) & \text{(d)} \\[3mm] \dfrac{\partial H_y}{\partial t} = \dfrac{1}{\mu_y}\left(\dfrac{\partial E_z}{\partial x} - \dfrac{\partial E_x}{\partial z} - \sigma_y^m H_y - M_{iy} \right) & \text{(e)} \\[3mm] \dfrac{\partial H_z}{\partial t} = \dfrac{1}{\mu_z}\left(\dfrac{\partial E_x}{\partial y} - \dfrac{\partial E_y}{\partial x} - \sigma_z^m H_z - M_{iz} \right) & \text{(f)} \end{cases} \tag{15.30}$$

FDTD(有限差分时域方法)的基础就是(15.30)中的六个耦合微分方程。

15.4.3 Yee 的网格划分

1966 年,K.S.Yee 首次给出了麦克斯韦旋度方程的一组差分方程。这组方程在空间和时间上以离散的形式给出,使用的是中心差分。电场和磁场分量在时间和空间上离散取样。FDTD 技术将三维空间的几何结构分解为较小的单元,构成网格,即 Yee 网格。

图 15.7 显示了离散点(i,j,k)的 Yee 单元各场分量的离散位置。电场分量在网格各棱边的中间,且平行于各棱;磁场分量在网格各面的中心,且平行于各面的法线。

此种排列填满了与法拉第和安培定律相关的场分量阵列。由图 15.7 可见,各磁场矢量都被四个电场所环绕形成磁场的旋度,模拟法拉第定律;如果增加邻近单元,同样可以看到每一电场分量被四个磁场分量环绕,以此来模拟安培定律。

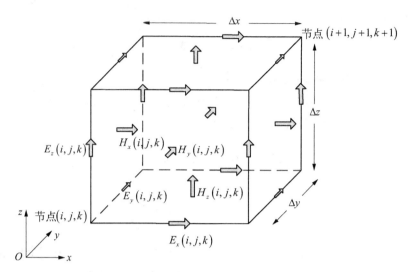

图 15.7　Yee 单元各场分量位置示意图

图 15.7 也给出了在离散点 (i,j,k) 的各场分量的实际位置。Yee 单元在 x，y，z 坐标方向的尺寸分别为 Δx，Δy，Δz。考虑到 i，j，k 是从 1 开始的数字，每一场分量的实际位置与 (i,j,k) 有如下关系

$$\begin{cases}
E_x(i,j,k)\Rightarrow((i-0.5)\Delta x,\ (j-1)\Delta y,\ (k-1)\Delta z)\\
E_y(i,j,k)\Rightarrow((i-1)\Delta x,\ (j-0.5)\Delta y,\ (k-1)\Delta z)\\
E_z(i,j,k)\Rightarrow((i-1)\Delta x,\ (j-1)\Delta y,\ (k-0.5)\Delta z)\\
H_x(i,j,k)\Rightarrow((i-1)\Delta x,\ (j-0.5)\Delta y,\ (k-0.5)\Delta z)\\
H_y(i,j,k)\Rightarrow((i-0.5)\Delta x,\ (j-1)\Delta y,\ (k-0.5)\Delta z)\\
H_z(i,j,k)\Rightarrow((i-0.5)\Delta x,\ (j-0.5)\Delta y,\ (k-1)\Delta z)
\end{cases} \tag{15.31}$$

FDTD 算法在离散的时间瞬时取样和计算各场分量值，但是电场和磁场取样计算并不是在相同的时刻。对时间步 Δt，电场的取样时刻是：0，Δt，$2\Delta t$，$\cdots$，$n\Delta t$，磁场的取样时刻是：$0.5\Delta t$，$1.5\Delta t$，$2.5\Delta t$，$\cdots(n+1/2)\Delta t$，也就是说电场在时间的整数倍步长取值，磁场在半整数时间倍步长时刻取值。它们之间的时间差为半个时间步。场分量不仅与表示位置的空间标记有关，而且与表示瞬时时间的时间标记也有关。可用上标表示时间。例如，对电场的 E_z 分量，取样时刻为 $n\Delta t$，位置在 $((i-1)\Delta x$，$(j-1)\Delta y$，$(k-0.5)\Delta z)$，记为 $E_z^n(i-1,j-1,k-0.5)$。对磁场的 y 分量 H_y，采样时刻为 $(n+0.5)\Delta t$，位置为 $((i-0.5)\Delta x$，$(j-1)\Delta y$，$(k-0.5)\Delta z)$，则记为 $H_y^n(i-0.5,j-1,k-0.5)$。

介质参量如介电常数、磁导常数、电导率、磁导率等分布在整个 FDTD 网格上，并且与场分量相关，其标记与场分量相同。对离散取样的场分量，在空间和时间上都具备适当的标记方式，这样麦克斯韦旋度方程式(15.30)就可以以标量形式的差分方程形式给出。我们考虑式(15.30a)

$$\frac{\partial E_x}{\partial t} = \frac{1}{\varepsilon_x}\left(\frac{\partial H_z}{\partial y} - \frac{\partial H_y}{\partial z} - \sigma_x^e E_x - J_{ix}\right) \tag{15.32}$$

式中的导数用中心差分来代替,此时 $E_x^n(i, j, k)$ 的位置为中心差分式的中心点,而时间上应以 $(n+0.5)\Delta t$ 作为中心点。考虑到场分量的位置,将式(15.32)重写为如下

$$\frac{E_x^{n+1}(i, j, k) - E_x^n(i, j, k)}{\Delta t} = \frac{1}{\varepsilon_x(i, j, k)}\frac{H_z^{n+\frac{1}{2}}(i, j, k) - H_z^{n+\frac{1}{2}}(i, j-1, k)}{\Delta y}$$

$$- \frac{1}{\varepsilon_x(i, j, k)}\frac{H_y^{n+\frac{1}{2}}(i, j, k) - H_y^{n+\frac{1}{2}}(i, j, k-1)}{\Delta z}$$

$$- \frac{\sigma_x^e(i, j, k)}{\varepsilon_x(i, j, k)}E_x^{n+\frac{1}{2}}(i, j, k) - \frac{J_{ix}^{n+\frac{1}{2}}(i, j, k)}{\varepsilon_x(i, j, k)} \tag{15.33}$$

电场分量是定义在时间步的整数倍时刻,式(15.33)包含的电场是 $(n+0.5)\Delta t$ 时刻,所以电场可以改写为 $(n+1)\Delta t$ 和 $n\Delta t$ 时刻电场的平均,即

$$E_x^{n+\frac{1}{2}}(i, j, k) = \frac{E_x^n(i, j, k) + E_x^{n+1}(i, j, k)}{2} \tag{15.34}$$

将式子(15.34)带入(15.33),且将 $(n+1)\Delta t$ 时刻的场量置于等式左边,其他分量置于等式右边,得到如下电场更新式

$$E_x^{n+1}(i, j, k) = \frac{2\varepsilon_x(i, j, k) - \Delta t\sigma_x^e(i, j, k)}{2\varepsilon_x(i, j, k) + \Delta t\sigma_x^e(i, j, k)}E_x^n(i, j, k)$$

$$+ \frac{2\Delta t}{(2\varepsilon_x(i, j, k) + \Delta t\sigma_x^e(i, j, k))\Delta y}(H_z^{n+\frac{1}{2}}(i, j, k) - H_z^{n+\frac{1}{2}}(i, j-1, k))$$

$$- \frac{2\Delta t}{(2\varepsilon_x(i, j, k) + \Delta t\sigma_x^e(i, j, k))\Delta z}(H_y^{n+\frac{1}{2}}(i, j, k) - H_y^{n+\frac{1}{2}}(i, j, k-1))$$

$$- \frac{2\Delta t}{2\varepsilon_x(i, j, k) + \Delta t\sigma_x^e(i, j, k)}J_{ix}^{n+\frac{1}{2}}(i, j, k) \tag{15.35}$$

式(15.35)显示了如何用前一时刻的电场和磁场分量以及激励源分量来计算下一时间步的电场分量,这是 FDTD 电场分量的更新式。$E_y^{n+1}(i, j, k)$ 和 $E_z^{n+1}(i, j, k)$ 可以由同样的方法求得。

下面我们分析如何对磁场进行更新。我们将(15.30d)重新写为差分方程的形式,如下

$$\frac{H_x^{n+\frac{1}{2}}(i, j, k) - H_x^{n-\frac{1}{2}}(i, j, k)}{\Delta t} = \frac{1}{\mu_x(i, j, k)}\frac{E_y^n(i, j, k+1) - E_y^n(i, j, k)}{\Delta z}$$

$$- \frac{1}{\mu_x(i, j, k)}\frac{E_z^n(i, j+1, k) - E_z^n(i, j, k)}{\Delta z} - \frac{\sigma_x^m(i, j, k)}{\mu_x(i, j, k)}H_x^n(i, j, k)$$

$$-\frac{1}{\mu_x(i,j,k)}M_{ix}^n(i,j,k) \tag{15.36}$$

磁场在半整数时间步,式(15.36)等式右边的磁场在时间整数倍,可用 $(n+1/2)\Delta t$ 和 $(n-1/2)\Delta t$ 时刻的磁场取平均值代替,即

$$H_x^n(i,j,k)=\frac{H_x^{n+\frac{1}{2}}(i,j,k)+H_x^{n-\frac{1}{2}}(i,j,k)}{2} \tag{15.37}$$

将式(15.37)带入式(15.36),且将 $H_x^{n+\frac{1}{2}}(i,j,k)$ 写在等式左边,其他量写在等式右边,我们得到如下的磁场更新式

$$
\begin{aligned}
H_x^{n+\frac{1}{2}}(i,j,k)=&\frac{2\mu_x(i,j,k)-\Delta t\sigma_x^m(i,j,k)}{2\mu_x(i,j,k)+\Delta t\sigma_x^m(i,j,k)}H_x^{n-\frac{1}{2}}(i,j,k)\\
&+\frac{2\Delta t}{(2\mu_x(i,j,k)+\Delta t\sigma_x^m(i,j,k))\Delta z}(E_y^n(i,j,k+1)-E_y^n(i,j,k))\\
&-\frac{2\Delta t}{(2\mu_x(i,j,k)+\Delta t\sigma_x^m(i,j,k))\Delta y}(E_z^n(i,j+1,k)-E_z^n(i,j,k))\\
&-\frac{2\Delta t}{2\mu_x(i,j,k)+\Delta t\sigma_x^m(i,j,k)}M_{ix}^n(i,j,k)
\end{aligned} \tag{15.38}
$$

以上就是 FDTD 磁场强度分量 $H_x^{n+\frac{1}{2}}(i,j,k)$ 的更新式,其他磁场强度分量 $H_y^{n+\frac{1}{2}}(i,j,k)$ 和 $H_z^{n+\frac{1}{2}}(i,j,k)$ 的更新式可以用类似的方法求得。

15.3.4 解的稳定性分析

在 FDTD 算法中,电场与磁场的取样都是在离散点进行的。取样的周期,即空间步长和时间步长,必须遵守一定的限制,以确保解的稳定性。

FDTD 方法的数值稳定由 Courant 条件确定。它要求时间增量 Δt 相对于空间网格小于某一特定的值,即有

$$\Delta t\leqslant\frac{1}{c\sqrt{\frac{1}{(\Delta x)^2}+\frac{1}{(\Delta y)^2}+\frac{1}{(\Delta z)^2}}} \tag{15.39}$$

式中 c 为自由空间的光速。

方程式(15.39)可以重写为

$$c\Delta t\sqrt{\frac{1}{(\Delta x)^2}+\frac{1}{(\Delta y)^2}+\frac{1}{(\Delta z)^2}}\leqslant1 \tag{15.40}$$

对立方空间网格,有 $\Delta x=\Delta y=\Delta z$,则 Courant 条件变为

$$\Delta t \leqslant \frac{\Delta x}{c\sqrt{3}} \tag{15.41}$$

由式(15.41)可知，Δx、Δy、Δz 中的最小值是控制最大时间步 Δt 的主要因素。而最大的时间步 Δt 总是小于 $\min(\Delta x，\Delta y，\Delta z)/c$。

15.4.5　吸收边界条件

1994 年 Berenger 提出了用完全匹配层（perfectly matched layer, PML）来吸收外向电磁波。它将电磁场分量在吸收边界处进行分裂，并能分别对各个分裂的场分量赋予不同的损耗。

我们以二维 TE 模式波（无 E_z 分量）为例建立 PML 媒质的方程。如图 15.8 所示。

在直角坐标系中，电磁场不依赖于 z 坐标，电场位于 $(x，y)$ 平面。电磁场的三个分量为 E_x，E_y，H_z，此时麦克斯韦方程组可化为三个方程。假设媒质的介电常数为 ε_0，磁导常数是 μ_0，磁导率为 ρ，电导率是 σ，麦克斯韦方程写为

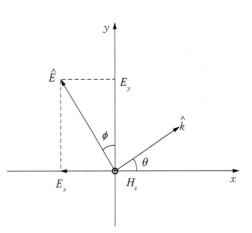

图 15.8　TE 模分解为 **X** 和 **Y** 两个分量

$$\varepsilon_0 \frac{\partial E_x}{\partial t} + \sigma E_x = \frac{\partial H_z}{\partial y} \tag{15.42}$$

$$\varepsilon_0 \frac{\partial E_y}{\partial t} + \sigma E_y = -\frac{\partial H_z}{\partial x} \tag{15.43}$$

$$\mu_0 \frac{\partial H_z}{\partial t} + \rho H_z = \frac{\partial E_x}{\partial y} - \frac{\partial E_y}{\partial x} \tag{15.44}$$

更进一步，假设下列条件成立

$$\frac{\sigma}{\varepsilon_0} = \frac{\rho}{\mu_0} \tag{15.45}$$

则该媒质与自由空间具有相同的阻抗，当电磁波垂直入射到分界面时，没有反射存在。

在 TE 情形下的 PML 媒质，是将磁场分量 H_z 分裂为 H_{zx}、H_{zy} 两个分量。在 TE 情形下的 PML 媒质中共有四个场分量 E_x，E_y，H_{zx}，H_{zy}，满足下列方程

$$\varepsilon_0 \frac{\partial E_x}{\partial t} + \sigma_y E_x = \frac{\partial (H_{zx} + H_{zy})}{\partial y} \tag{15.46}$$

$$\varepsilon_0 \frac{\partial E_y}{\partial t} + \sigma_x E_y = -\frac{\partial (H_{zx} + H_{zy})}{\partial x} \tag{15.47}$$

$$\mu_0 \frac{\partial H_{zx}}{\partial t} + \rho_x H_{zx} = -\frac{\partial E_y}{\partial x} \tag{15.48}$$

$$\mu_0 \frac{\partial H_{zy}}{\partial t} + \rho_y H_{zy} = \frac{\partial E_x}{\partial y} \tag{15.49}$$

其中 σ_x 和 σ_y 是电导率、ρ_x 和 ρ_y 为磁导率。

针对二维情况,Berenger 建议了如图 15.9 所示的 PML 与 FDTD 网格相结合的方案。FDTD 仿真区域假设为自由空间,被 PML 媒质包围,PML 又被理想导体所包围。在仿真区域的左、右边界,吸收材料是匹配的 PML(σ_x,ρ_x,0,0) 媒质,它能让外向波无反射地通过自由空间-PML 媒质分界面 $\overline{AB}$ 和 $\overline{CD}$。类似地,在仿真区域的上、下边界,吸收材料是匹配的 PML(0,0,σ_y,ρ_y),它能让外向波无反射地通过自由空间-PML 媒质分界面 $\overline{CB}$ 和 $\overline{DA}$。在四个角,采用 PML(σ_x,ρ_x,σ_y,ρ_y) 媒质,其中的参数与相邻的(σ_x,ρ_x,0,0)和(0,0,σ_y,ρ_y)媒质的参数相等。在侧边 PML 媒质与角 PML 媒质的分界面处,也不存在反射。

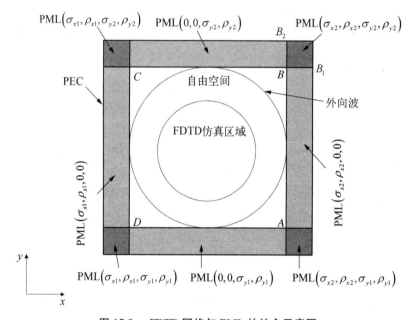

图 15.9　FDTD 网格与 PML 的结合示意图

在侧边吸收层中,媒质参数为(σ_x,ρ_x,0,0)和(0,0,σ_y,ρ_y),在 PML 媒质中距离分界面为 r 的地方,外向平面波的幅度可以写成

$$\Psi(r) = \Psi(0) \exp\left\{ -\frac{\sigma\cos\theta}{\varepsilon_0 c} r \right\} \tag{15.50}$$

其中 θ 是相对媒质分界面的入射角,σ 是 σ_x 或者 σ_y。电磁波穿过 PML 媒质后,将被 PEC 反射,再次通过媒质分界面进入自由空间。因此,如果 PML 媒质的厚度为 δ,则 PML 媒质表

面的反射系数为

$$R(\theta) = \exp\left\{-2\delta\,\frac{\sigma\cos\theta}{\varepsilon_0 c}\right\} \tag{15.51}$$

由式(15.51)可知,当入射角 θ 接近 $\pi/2$ 时,无论 σ 的值是多少,反射系数 R 都接近于 1。由此可知,PML 媒质表面处的反射系数为 σ 和 δ 的乘积 $\sigma\delta$ 的函数。因此,若给定 PML 层衰减值的大小,理论上可将厚度取得尽可能小。例如,可将厚度设定为一个空间步长。但是,电导率变化太大,在计算时会带来数值反射。因此,实际计算中 PML 媒质厚度必须取若干空间步长,而且,导电率从自由空间-PML 分界面的 0 渐变到 PML 最外面的 $\sigma_{\max}$。假设距离自由空间-PML 分界面 r 处的电导率为 $\sigma(r)$,则分界面反射系数为

$$R(\theta) = \exp\left\{-2\delta\,\frac{\cos\theta}{\varepsilon_0 c}\int_0^\delta \sigma(r)\mathrm{d}r\right\} \tag{15.52}$$

取 $\sigma(r) = \sigma_{\max}\left(\dfrac{r}{\delta}\right)^n$,代入(15.52)可得

$$R(\theta) = \exp\left\{-\frac{2\delta\sigma_{\max}\cos\theta}{(n+1)\varepsilon_0 c}\right\} \tag{15.53}$$

当垂直入射,即 $\theta = 0$ 时,反射系数

$$R(0) = \exp\left\{-\frac{2\delta\sigma_{\max}}{(n+1)\varepsilon_0 c}\right\} \tag{15.54}$$

第16章 人工奇异材料基础

16.1 人工奇异材料的发现

人工奇异材料是一种新型人工电磁材料。与传统的电磁材料不同的是,人工奇异材料的光学性质不是由材料本身的成分决定的,而是由其内部人造结构单元所决定的。也就是说,我们可以通过改变这种人工电磁材料的微结构单元,从而得到特有的光学性质。奇异材料的一个重要特征是负折射率,具有这种特征的材料又称为"左手材料"(Left-Handed Materials)。

左手材料是指一种介电常数和磁导率同时为负值的材料。电磁波在其中传播时,波矢 $\hat{k}$、电场 $\hat{E}$ 和磁场 $\hat{H}$ 之间的关系符合左手定律。它具有负相速度、负折射率、理想成像、反常多普勒频移、反常契伦科夫(Cerenkov)辐射等奇异的物理性质。20 世纪 90 年代末期,Pendry 等人相继提出了用周期性排列的金属条和开口金属谐振环可以在微波波段产生负等效介电常数和负等效磁导率。21 世纪初始,Smith 等人将金属丝板和开口金属谐振环板有规律地排列在一起,制作了世界上第一块等效介电常数和等效磁导率同时为负数的介质。随后,Shelby 等人首次实验证实当电磁波斜入射到左手材料与右手材料(Right-Handed Materials)的分界面时,折射波的方向与入射波的方向在分界面法线的同侧。

奇异材料突破常规材料的另一个特点是可以实现各向异性和不均匀性,即介电常数和磁导率不是常数,是位置的函数,而且,在电磁理论中,介电常数可以不只是一个参数,更一般的情况有 6 个常数。磁导率也是如此,这样一共有 12 个常数。如果介质不均匀,这 12 个常数就变成了 12 个位置的函数,这样,通过人工控制这些函数,我们几乎可以随心所欲地在介质中弯曲光线。本章我们将介绍奇异材料的基础。

16.2 左手材料与负折射率

在经典电动力学中,介质的电磁性质可以用介电常数 ε 和磁导率 μ 两个宏观参数来描述。正弦时变电磁场的波动方程(亥姆霍兹方程)为

$$\begin{cases} \nabla^2 E + k^2 E = 0 \\ \nabla^2 B + k^2 B = 0 \end{cases} \tag{16.1}$$

其中

$$k^2 = \omega^2 \mu \varepsilon = \omega^2 \mu_r \mu_0 \varepsilon_r \varepsilon_0$$

自然界中物质的 μ 和 ε 一般都与电磁波频率有关,并且在大多数情况下都为正数,此时方程(16.1)有波动解,电磁波能在其中传播。对于无损耗、各向同性、空间均匀的介质,由 Maxwell 方程组能推出

$$\begin{cases} k \times E = \omega \mu H \\ k \times H = -\omega \varepsilon E \\ k \cdot E = 0 \\ k \cdot H = 0 \end{cases} \tag{16.2}$$

式(16.2)表明 E,H,k 之间满足"右手螺旋关系"。所以通常的介质就被称为"右手材料"。

如果介质的 μ 和 ε 两者之间一个为正数而另一个为负数,则 $k^2 < 0$,k 无实数解;即方程(16.1)无波动解,电磁波不能在其中传播。如果介质的 μ 和 ε 都小于零,方程(16.1)有波动解,电磁波能在其中传播。但是 E,H,k 之间不再满足右手螺旋关系而是满足左手螺旋关系。这种介质就被称为"左手材料"。

由于电磁波能流的方向取决于玻印廷矢量 S 的方向,而 $S = E \times H$,即 E,H,S 始终构成右手螺旋关系。因此在左手材料中,k(它的方向代表电磁波相速的方向)和 S 的方向相反。$k = -\omega\sqrt{\mu\varepsilon}$ 为负数,介质的折射率 $n = \dfrac{c}{v} = \dfrac{ck}{\omega}$ 也为负数,所以这种介质也被称为"负折射率物质"(Negative Index of Refraction Material)。在负折射材料中,电磁波的相速度和群速度方向相反,从而呈现出许多新颖的光学特性。

Snell 定律

左手材料的性质如图 16.1 所示。左手材料(负折射材料)仍然满足 Snell 定律:入射光在经过一般介质与左手材料界面时,折射光折射方向会与入射光在法线的同一边(图 16.1),而一般材料中折射光折射方向会与入射光分居法线的两侧。如果以左手材料为材质制作的凸透镜或凹透镜,分别会表现出散光或聚光的效果,这种现象恰恰和正常的凸透镜或凹透镜中的光的会聚或者发散相反。

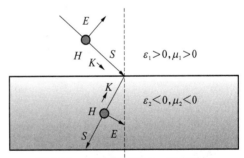

图 16.1　入射光在经过一般介质与左手材料界面时光路图

$$n_1 \sin \theta_1 = n_2 \sin \theta_2 \tag{16.3}$$

16.3　负折射材料的理论依据

在谐振电介质中,例如经过介质传播的电磁场 $E(t)$ 中谐振原子的结合,可以将每个谐振原子看成一个经典的谐振子。假设电子的质量为 m_0,原子核的质量为 M_0,电子和原子

核的电荷分别为$-q$，$+q$。电子离开其平衡位置的运动方程为

$$m_0\frac{\mathrm{d}^2x}{\mathrm{d}t^2}+m_0\gamma\frac{\mathrm{d}x}{\mathrm{d}t}+kx=-qE(t) \tag{16.4}$$

其中γ为阻尼因子，k为弹簧常数，对于时谐电磁场

$$E(t)=E_0e^{-j\omega t}$$

电子$-q$和原子核$+q$的偶极矩

$$p=-qx(t)=\frac{q^2E(t)}{m_0(-\omega^2-\mathrm{j}\gamma\omega+\omega_0^2)} \tag{16.5}$$

其中$\omega_0=\sqrt{k/m_0}$，单位体积内N个偶极子引起的极化强度

$$P=Np=\frac{Nq^2E(t)}{m_0(-\omega^2-\mathrm{j}\gamma\omega+\omega_0^2)} \tag{16.6}$$

电位移矢量D

$$D=\varepsilon_0E+P_b+P=-qx(t)=\varepsilon_0\left[1+\chi_b+\frac{Nq^2}{m_0(-\omega^2-\mathrm{j}\gamma\omega+\omega_0^2)}\right]E(t) \tag{16.7}$$

其中包括了背景材料极化强度的贡献$P_b=\varepsilon_0\chi_bE$，因此谐振电介质或原子气体的介电常数为

$$\varepsilon(\omega)=\varepsilon_0\left[1+\chi_b+\frac{Nq^2}{m_0(\omega_0^2-\omega^2-\mathrm{j}\gamma\omega)}\right]=\varepsilon_0\left[1+\chi_b+\frac{\omega_p^2}{(\omega_0^2-\omega^2-\mathrm{j}\gamma\omega)}\right] \tag{16.8}$$

其中$\omega_p=\sqrt{\dfrac{Nq^2}{m_0}}$为等离子体共振频率。将

$$\chi=\frac{\omega_p^2}{(\omega_0^2-\omega^2-\mathrm{j}\gamma\omega)}=\chi'(\omega)+\mathrm{j}\chi''(\omega)$$

分离为实部和虚部后得到

$$\chi'(\omega)=\frac{\omega_p^2(\omega_0^2-\omega^2)}{(\omega_0^2-\omega^2)^2+(\gamma\omega)^2},\quad \chi''(\omega)=\frac{\omega_p^2\gamma\omega}{(\omega_0^2-\omega^2)^2+(\gamma\omega)^2} \tag{16.9}$$

相对介电常数为

$$\varepsilon_r(\omega)=\frac{\varepsilon(\omega)}{\varepsilon_0}=\varepsilon'_r(\omega)+i\varepsilon''_r(\omega)=1+\chi_b+\chi'(\omega)+i\chi''(\omega) \tag{16.10}$$

$$\varepsilon''_r(\omega)=\chi''(\omega)$$

英国帝国理工学院的 J.B.Pendry 从电磁场 Maxwell 方程和物质本构方程出发，通过理

论计算指出以下两点。

（1）间距在毫米级的金属细线构成的格子结构具有类似等离子体的物理行为,共振频率在 GHz,低于此频率时介电常数出现负值（见图 16.2）;

（2）利用非磁性导电金属薄片构成开环共振器(split ring resonators, SRRs) 并组成方阵,可以实现负的有效磁导率,而且负的磁导率是可调的。

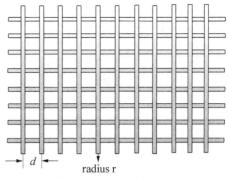

图 16.2　间距在毫米级的金属细线构成的格子结构具有负介电常数

开环共振器和细金属导线构成的复合微结构的磁导率为

$$\mu(\omega) = 1 - \frac{f\omega_{mp}^2}{\omega^2 - \omega_m^2 + i\gamma_m\omega} \tag{16.11}$$

其中 ω_m 为体系的磁共振频率,ω_{mp} 为等效磁等离子频率,f 表示金属占据格子的体积分数,i 为虚数单位,γ_m 为阻尼损耗（远远小于 ω_m）。 当 $\omega > \omega_m$ 时,体系的磁导率为负值。

介电常数满足以下形式

$$\varepsilon(\omega) = 1 - \frac{\omega_p^2}{\omega(\omega + i\gamma\omega)} \tag{16.12}$$

其中 ω_p 为体系电子的等离子共振频率。当 $\omega < \omega_p$ 时,体系的介电函数为负值。

通过选择导线阵列的参数,保证其截止频率 ω_p 高于 SRRs 的共振频率 ω_m,复合材料就会出现负的磁导率和负的介电常数相重叠的区域,从而显示出左手材料的特性。

D. R. Smith 按照 J. B. Pendry 的理论构想,利用金属铜的开环共振器和导线组成二维周期性结构,首次在实验上制造出微波波段具有负介电常数、负磁导率的介质。这种人工介质对微波表现出较好的反常折射率特征（见图 16.3）。

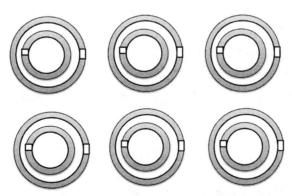

图 16.3　利用非磁性导电金属薄片构成开环共振器结构具有负的有效磁导率

第 17 章 变换光学基础

17.1 变换光学理论的提出

当前,在日趋重要的电磁隐身和电磁兼容技术中,电磁波吸收材料的作用十分突出,已成为现代军事中电子对抗的法宝和"秘密武器"。在军事设施上涂敷吸收材料,就可以衰减反射信号,减少武器系统遭受袭击。然而,电磁吸波材料并没有从真正意义上实现隐身,只是有效地降低物体的有效散射面积。为了解决这种真正的隐身技术,科学家们开始寻求新的理论和方法实现电磁隐身。2006 年伦敦帝国大学 J. B. Pendry 和其合作者们发表了 Push - Forward 的变换光学理论文章,该理论主要适用于波动光学。同年,D. R. Smith 及其合作者在《科学》杂志上发表了有关超颖材料实现微波频段隐身的实验。基于光学变换理论,人们还提出了许多非常有意义的变换光学器件。鉴于变换光学具有颇高的理论价值和广阔的应用前景,本章将以球形隐身衣为例着重介绍基于坐标变换的变换光学理论。

17.2 坐标变换理论

类似爱因斯坦的广义相对论,变换光学理论是基于麦克斯韦方程组在伽利略变换下的坐标协变性得到的。广义相对论是把质量和空间进行等效,而变换光学是把介电常数、磁导率张量和空间进行等效。如果电磁波能够按照我们所设置的方式进行传播,利用介电常数、磁导率张量和空间的等效关系,我们就可以设计一种"变换介质",使得电磁波在它里面的传播路线和在假想空间里的传播一样,这就达到了对电磁波传播的自由控制。通过一种特殊的坐标变换,我们就可以对电磁波实现完全的控制和利用。该理论由 J. B. Pendry 等人于2006 年提出。

17.2.1 球形隐身衣的光学变换

如图 17.1 所示,原始的均匀笛卡尔坐标 r 和物理空间坐标 r' 满足如下的变换关系

$$r' = \frac{b-a}{b}r + a \tag{17.1}$$

其中 a，b 分别是变换介质材料的内外半径 $0 \leqslant r \leqslant b$，$a \leqslant r' \leqslant b$。当 $r > b (r' > b)$ 时，原始空间和变换空间一样。

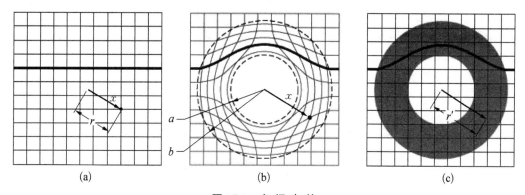

图 17.1　空 间 变 换

（上边）变换之前的空间；（下边）变换之后的空间。图(a)中黑色粗线分别代表同一路径在原始均匀笛卡尔空间，图(b)中光学变换空间（拓扑空间）和图(c)中材料空间的表示。坐标矢量 x 在笛卡尔空间，光学变换空间的表示分别在(a，b)中给出。（引自 D. Schurig *et al*，Opt. Express **14** 9794(2006)).

单位矢量在原始介质空间和变换材料空间满足

$$\frac{x^{i'}}{r'} = \frac{x^i}{r}\delta_i^{i'} \tag{17.2}$$

利用方程(17.1)可以得到

$$x^{i'} = \frac{b-a}{b}x^i\delta_i^{i'} + a\,\frac{x^i}{r}\delta_i^{i'} \tag{17.3}$$

式(17.3)表达式的微分形式表示为

$$\frac{\partial}{\partial x^j}\,\frac{x^i}{r} = -\frac{x^i x^k \delta_{kj}}{r^3} + \frac{1}{r}\delta_j^i \tag{17.4}$$

由此变换矩阵表示为

$$\Lambda_j^{i'} = \frac{r'}{r}\delta_j^{i'} - \frac{ax^i x^k \delta_i^{i'}\delta_{kj}}{r^3} \tag{17.5}$$

即

$$\Lambda_j^{i'} = \begin{pmatrix} \dfrac{r'}{r} - \dfrac{ax^2}{r^3} & -\dfrac{axy}{r^3} & -\dfrac{axz}{r^3} \\[3mm] -\dfrac{axy}{r^3} & \dfrac{r'}{r} - \dfrac{ay^2}{r^3} & -\dfrac{ayz}{r^3} \\[3mm] -\dfrac{axz}{r^3} & -\dfrac{ayz}{r^3} & \dfrac{r'}{r} - \dfrac{az^2}{r^3} \end{pmatrix} \tag{17.6}$$

如果 $(x^i) = (r, 0, 0)$，我们可以等到变换矩阵的行列式

$$\det(\Lambda_j^{i'}) = \frac{r'-a}{r}\left(\frac{r'}{r}\right)^2 \tag{17.7}$$

如果原始的笛卡尔空间的介质满足 $\varepsilon = \mu = 1$，根据方程(17.6)，可以得到变换介质在变换坐标下的材料参数

$$\varepsilon^{i'j'} = \mu^{i'j'} = \frac{b}{b-a}\left(\delta^{i'j'} - \frac{2ar'-a^2}{r'^4}x^{i'}x^{j'}\right) \tag{17.8}$$

变换至正常笛卡尔坐标系下的材料参数为

$$\varepsilon = \mu = \frac{b}{b-a}\left(I - \frac{2ar-a^2}{r^4}\vec{r}\otimes\vec{r}\right) \tag{17.9}$$

其中 $\vec{r}\otimes\vec{r}$ 表示位置矢量的外积。

式(17.9)张量的行列式为

$$\det(\varepsilon) = \det(\mu) = \left(\frac{b}{b-a}\right)^3\left(\frac{r-a}{r}\right)^2 \tag{17.10}$$

17.2.2　二维圆形隐身衣的数值仿真

图 17.2 为二维圆形隐身衣的计算区域。圆环为隐身衣，而空心的部分($r<a$)是被隐身的区域。四周为完美匹配层，用来模仿无限空间。中心空心区域为完美电导体(PEC)，半径为 a。

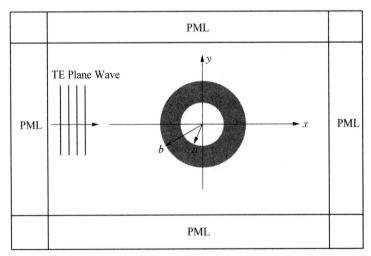

图 17.2　二维圆形隐身衣的计算结构

按照变换光学的理论，我们只需要设计圆形(灰色区域)的电磁参数，使得在电磁波看来，隐身系统等价于一个同样大小的实心圆即可。根据式 17.8，17.9 的等价性，要求解圆环的电磁参数与同样大小均匀各向同性的实心圆的电磁参数之间的关系，只需将无 PEC 和隐

身衣的空间视为平直空间 (x^a) ,将圆环视为弯曲空间 $(x^{a'})$ 。 只要设计两个空间之间的变换关系(雅克比矩阵),即可求得圆形的电磁参数。

根据 J. B. Pendry 所提出的变换光学理论,变换空间(图 17.2 的灰色区域)和平直空间(无 PEC 和隐身衣的空间)的坐标变换满足

$$\begin{cases} r' = \dfrac{b-a}{b}r + a \\ \theta' = \theta \\ z' = z \end{cases} \tag{17.11}$$

将柱坐标转化为直角坐标形式,得到

$$\begin{cases} x' = \dfrac{b-a}{b}x + \dfrac{a}{r}x \\ y' = \dfrac{b-a}{b}y + \dfrac{a}{r}y \end{cases} \tag{17.12}$$

根据上面的柱形变换光学理论我们可以得到二维圆形隐身衣的变换区域的电磁参数

$$\begin{cases} \varepsilon_{zz} = \mu_{zz} = \left(\dfrac{b}{b-a}\right)^2 \dfrac{r-a}{r} \\ \varepsilon_{xx} = \mu_{xx} = \dfrac{r-a}{r}\cos^2\theta + \dfrac{r}{r-a}\sin^2\theta \\ \varepsilon_{xy} = \varepsilon_{yx} = \mu_{xy} = \mu_{yx} = \left(\dfrac{r-a}{r} - \dfrac{r}{r-a}\right)\sin\theta\cos\theta \\ \varepsilon_{yy} = \mu_{yy} = \dfrac{r-a}{r}\sin^2\theta + \dfrac{r}{r-a}\cos^2\theta \end{cases} \tag{17.13}$$

利用有限元软件 COMSOL 对图 17.2 所示结构进行仿真,图 17.3 分别给出了均匀介质空间以及二维圆形隐身衣的电场分布。其中圆形隐身结构的内外半径为 $a=0.1$ m, $b=0.2$ m。

由图 17.3(a)的电场分布可以看出,电场不存在任何的电磁散射。图 17.3(b)(c)(d)给出了二维隐身衣(中间区域为完美电导体,其半径为 $a=0.1$ m)。我们可以看出 $r>0.2$ m 处

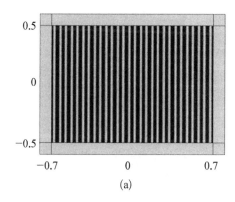

(a)

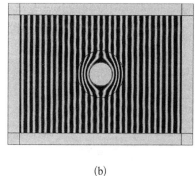

(b)

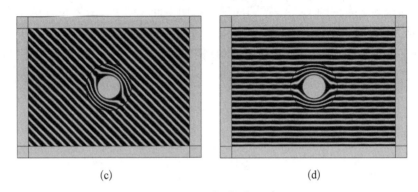

(c)   (d)

图 17.3　隐 身 结 构

(a) 均匀介质空间的电场分布　　(b)(c)(d) 二维圆形隐身衣的电场分布,电场的入射角度分别为 0°, 45°, 90°

的电场分布图和均匀介质空间的电场分布一致——即中间区域的完美电导体被完全隐身,不存在电磁波散射。从图 17.3(b)(c)(d) 还可以看出 $r < 0.2$ m 区域的电磁波被压缩至 0.1 m $< r < 0.2$ m 的壳层空间。这样就形成了完美的隐身。这种类型的隐身衣是外面的电磁波看不到里面被隐身的物体,而里面被隐身的物体也看不到外面的"世界"。

附　　录

附录 1　数值技术基础

在光电子器件的建模分析中,常常需要建立数学物理模型来表述器件的结构参数、物理参数以及性能之间的定量关系。在大多数情况下,这些关系是非线性代数方程和微分方程,而且是超越方程,不能直接求解,必须用数值方法进行求解。在附录 1 中,我们介绍常用的数值方法:牛顿迭代法和龙格库塔法。

1.1　牛顿迭代法

牛顿—拉夫孙(Newton-Raphson method)算法用于求解非线性方程或方程组的实数根。我们可以通过下面的实例来讨论如何求方程 $f(x)=0$ 的根,以便了解该方法的基本原理。

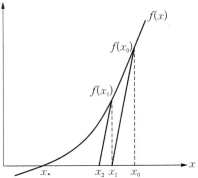

$$f(x)=0 \qquad (\text{附 } 1.1)$$

牛顿迭代法的基本原理是通过在特定点对函数 $f(x)$ 在 x_0 处求导数并对方程求线性近似。图附 1.1 是牛顿迭代法求解非线性方程(附 1.1)的原理示意图。

图附 1.1　迭代法非线性方程示意图

从一个离根 x^* 不太远的初始点 x_0 开始,在点 x_0 处取函数 $f(x)$ 的切线,与 x 轴相交于点 $(x_1,0)$。根据泰勒展开,函数 $f(x)$ 在点 x_1 的表达式为

$$f(x_1-\Delta x)=f(x_1)-\frac{\mathrm{d}f(x_1)}{\mathrm{d}x}\Delta x+O(\Delta x^2) \qquad (\text{附 } 1.2)$$

上式中,令 $f(x_1-\Delta x)=0$,求解 Δx 我们得到

$$\Delta x=\frac{f(x_1)}{f'(x_1)}$$

由方程(附 1.2)可以发现点 x_2 可以变为

$$x_2=x_1-\Delta x=x_1-\frac{f(x_1)}{f'(x_1)} \qquad (\text{附 } 1.3)$$

上述步骤推广到任意步 n，于是有

$$x_{n+1} = x_n - \frac{f(x_n)}{f'(x_n)}, \ n = 1, \ 2, \ 3, \ \cdots \qquad (\text{附 } 1.4)$$

这样一直下去，直到 $f(x_{n+1})$ 的值等于或接近零为止，此时 x_{n+1} 就是 x^*，即方程 $f(x) = 0$ 的根。

1.2　龙格-库塔法

1.2.1　二阶龙格-库塔法

我们的目标是求解下列线性微分方程

$$\frac{\mathrm{d}y}{\mathrm{d}x} = f(x, \ y), \ a \leqslant x \leqslant b$$

$$y(a) = y_0 \qquad (\text{附 } 1.5)$$

我们从一阶导数的简单欧拉近似开始讨论。

$$y(x) = y(x_0) + (x - x_0)y'(x_0) + \frac{(x - x_0)^2}{2}y''(x_0) + \frac{(x - x_0)^3}{6}y'''(x_0) + \cdots$$

设 h 为变量步长，且 $h = (b - a)/n$，n 为区间 $[a, b]$ 细分的小区间数。$x \leqslant \zeta \leqslant x + h$。可以随意选择 ζ 以便得到我们认为最为方便的值。对于二阶龙格-库塔法，首选 $\zeta = x + h/2$，式中

$$y'(x) = \mathrm{d}y/\mathrm{d}x, \ y''(x) = \mathrm{d}^2 y/\mathrm{d}x^2, \ y'''(x) = \mathrm{d}^3 y/\mathrm{d}x^3$$

$$y_{k+1} = y_k + h(\alpha_1 S_1 + \alpha_2 S_2 + \cdots + \alpha_m S_m),$$
$$S_1 = f(x_k, \ y_k),$$
$$S_2 = f(x_k + \beta_2 h, \ y_k + \gamma_2 h)$$
$$\cdots$$
$$S_m = f(x_k + \beta_m h, \ y_k + \gamma_m h) \qquad (\text{附 } 1.6)$$

其中 $\alpha_k, \beta_k, \gamma_k (k = 1, 2, 3, \cdots)$ 是待定系数。

1.2.2　四阶龙格-库塔法

四阶龙格-库塔法是实践中最常用的方法，它定义为

$$y_{k+1} = y_k + \frac{1}{6}(S_1 + 2S_2 + 2S_3 + S_4)h$$

$$S_1 = f(x_k, \ y_k)$$

$$S_2 = f\left(x_k + \frac{1}{2}h, \ y_k + \frac{1}{2}S_1 h\right)$$

$$S_3 = f\left(x_k + \frac{1}{2}h, y_k + \frac{1}{2}S_2 h\right)$$

$$S_4 = f(x_k + h, \ y_k + S_3 h) \qquad (\text{附 } 1.7)$$

1.3　求解微分方程示范

这里给出关于利用 Matlab 库函数 ode45.m 来求解常微分方程的一个例子。

1.3.1　单个微分方程

考虑下列方程和初始条件为

$$\frac{\mathrm{d}y(x)}{\mathrm{d}x}=y(x)\left(\frac{2}{x}-1\right),\ y(0)=0.01 \tag{附 1.8}$$

我们需要求解该方程并在[0.1，10]区间中作图。Matlab 代码包括两个 m 文档。一个是包括所有参数的主程序，另一个是主程序调用的 func_ode_single.m 函数文件。

```
clear all
xspan = [0.1 10];        % variable interval
y0 = 0.009；             % initial value
[x,y] = ode45('func_ode_single',xspan,y0);
xa = linspace(0.1, 10, 100);
yb = xa.^2. * exp( - xa);     % Exact solution
plot(x,y,xa,yb,'.','LineWidth',1.5)
xlabel('x','FontSize',14)
ylabel('y','FontSize',14)
set(gca,'FontSize',14);   % size of tick marks on both axis
pause
close all
```

被调用的函数代码是：

```
function xdot = func_ode_single(x,y)
ydot = y * (2/x - 1);
```

上述问题的解析解是 $y(x)=x^2e^{-x}$。

1.3.2　微分方程系统

为了说明如何运用 ode45.m 函数去解微分方程组，我们考虑下列流体力学系统：

$$\frac{\mathrm{d}x_1(t)}{\mathrm{d}t}=\sigma(x_2-x_1)$$

$$\frac{\mathrm{d}x_2(t)}{\mathrm{d}t}=rx_1-x_2-x_1x_3$$

$$\frac{\mathrm{d}x_3(t)}{\mathrm{d}t}=x_1x_2-bx_3 \tag{附 1.9}$$

式中 σ，r，b 是正的常数。该流体表明出现了混沌状态。初始条件假定为 $x_1(t)=1$，$x_2(t)=1$，$x_3(t)=10.04$。在时间间隔 $[0，10]$ 内对系统进行分析，该系统的主程序代码是：

```
clear all
xspan = [0 10];   % time interval
y0 = [1,1,10.02];   % initial value
[x,y] = ode45('func_ode_sys',xspan,y0);
plot(x,y(:,1),x,y(:,2),x,y(:,3),'LineWidth',1.5)
xlabel('time','FontSize',14)
set(gca,'FontSize',14);   % size of tick marks on both axis
pause
close all
```

被调用的函数代码是：

```
function ydot = func_ode_sys(x,y)
sigma = 10; b = 7/3; r = 25;
ydot(1) = sigma*(y(2) - y(1));
ydot(2) = r*y(1) - y(2) - y(1)*y(3);
ydot(3) = y(1)*y(2) - b*y(3);
ydot = ydot';
```

附录2 复合产生电流的推导

下面对复合产生电流的贡献进行推导。

$$U = \frac{\sigma_n \sigma_p \nu_{th} N_t (pn - n_i^2)}{\sigma_n \{n + n_i \exp[(E_t - E_i)/kT]\} + \sigma_p \{n + n_i \exp[(E_i - E_t)/kT]\}}$$

$$U = -\left\{ \frac{\sigma_n \sigma_p \nu_{th} N_t (pn - n_i^2)}{\sigma_n \{n + n_i \exp[(E_t - E_i)/kT]\} + \sigma_p \{n + n_i \exp[(E_i - E_t)/kT]\}} \right\} n_i = -\frac{n_i}{\tau_g}$$

$$J_{ge} = \int_0^{W_D} q \mid U \mid \mathrm{d}x \approx q \mid U \mid W_D \approx \frac{qn_i W_D}{\tau_g}$$

$$U = -\left\{ \frac{\sigma_n \sigma_p \nu_{th} n_i^2 [\exp(qV/kT) - 1]}{\sigma_n \{n + n_i \exp[(E_t - E_i)/kT]\} + \sigma_p \{n + n_i \exp[(E_i - E_t)/kT]\}} \right\}$$

$$U = -\left\{ \frac{\sigma \nu_{th} N_t n_i^2 [\exp(qV/kT) - 1]}{n + p + 2n_i} \right\}$$

$$U = -\frac{\sigma_n \sigma_p \nu_{th} n_i^2 [\exp(qV/kT) - 1]}{n_i \{\exp[(E_{Fn} - E_i)/kT] + \exp[(E_i - E_{Fp})/kT] + 2\}}$$

当 E_i 为 E_{Fn} 与 E_{Fp} 之和的一半时, U 的最大值出现。此时上式变为

$$U = 2n_i [\exp(qV/2kT) + 1]$$

当 $V > Kt/q$ 时，$U \approx \dfrac{1}{2}\sigma v_{th}N_t n_i \exp(qV/2kT)$

$$J_{ge} = \int_0^{w_D} q \mid U \mid \mathrm{d}x \approx \frac{qW_D}{2}\sigma v_{th}N_i n_i \exp(qV/2kT) \approx \frac{qWn_i}{2\tau}\exp(qV/2kT)$$

附录3　用于教学的代码

3.1　第1章波动光学基础代码

光从石英玻璃入射到空气中反射系数随入射角的变化

```
clear
n1 = 1.45;
n2 = 1.0;
n = n2/n1;
alpha = [0:1:90] * pi/180;
x = [0:1:90];
A = cos(alpha) - sqrt(n^2 - (sin(alpha)).^2);
B = cos(alpha) + sqrt(n^2 - (sin(alpha)).^2);
C = sqrt(n^2 - (sin(alpha)).^2) - cos(alpha) * n^2;
D = sqrt(n^2 - (sin(alpha)).^2) + cos(alpha) * n^2;
rcz = abs(A./B);
rpx = abs(C./D);

figure(1)
plot(x,rcz,'r',x,rpx,'b');
legend('rcz','rpx')
xlabel('\theta_i')
ylabel('Amplitude')
title(['n_1 =',num2str(n1),',n_2 =',num2str(n2)])
```

光从石英玻璃入射到空气中相位改变随入射角的变化

```
clear
n1 = 1.45;
n2 = 1.0;
n = n2/n1;
alpha = [0:1:90] * pi/180;
x = [0:1:90];
```

```
A = sqrt((sin(alpha)).^2 - n^2);
B = cos(alpha);
C = cos(alpha) * n^2;
phcz = (2 * atan(A./B)) * 180/pi;
phpx = (2 * atan(A./C) - pi) * 180/pi;

figure(1)
plot(x,phcz,'r',x,phpx,'b');
legend('phcz','phpx')
xlabel('\theta_i')
ylabel('theta_i')
title(['n_1 =',num2str(n1),',n_2 =',num2str(n2)])
```

3.2 第6章光放大原理代码

（1）三能级系统速率方程

```
dn1/dt = f1(n1,n2,n3) = 0;
dn2/dt = f2(n1,n2,n3) = 0;
dn3/dt = f3(n1,n2,n3) = 0;
n1 + n2 + n3 = nt;
```

（2）耦合功率传播方程

```
dp1/dz = fp1(n1,n2,n3) * p1;
dp2/dz = fp2(n1,n2,n3) * p2;
dp3/dz = fp3(n1,n2,n3) * p3;

p1,泵浦功率;
p2,信号功率;
p3,自发发射功率;
```

（3）用符号法直接求解各能级布居数的代码

```
syms n1 n2 n3 nt A B C
eq1 =  f1(n1,n2,n3);
eq2 =  f2(n1,n2,n3);
eq3 =  n1 + n2 + n3 - nt;

S = solve(eq1,eq2,eq3, n1,n2,n3)
disp('n1'),disp(S.n1),disp('n2'),disp(S.n2),disp('n3'),disp(S.n3)
```

（4）用牛顿迭代法求解非线性速率方程各能级布居数的代码

```
function y = fx(n,p,nt)

%  光纤参数定义
……
%   非线性速率方程组
y(1) =  f1(n1,n2,n3);
y(2) =  f2(n1,n2,n3);
y(3) =  n1 + n2 + n3 − nt;


y = [y(1) y(2) y(3)];


function y = dfx(n,p,nt)
%  光纤参数定义
……
%   非线性速率方程布居数导数方程组
y(1) = df1/dn1;y(2) = df1/dn2;y(3) = df1/dn3;
y(4) = df2/dn1;y(5) = df2/dn2;y(6) = df2/dn3;
y(7) = df3/dn1 = 1;y(8) = df3/dn2 = 1;y(9) = df3/dn3 = 1;


y = [y(1) y(2) y(3) ;y(4) y(5) y(6); y(7) y(8) y(9)];


function s = NewtonIterate(x,p,nt);
eps = 1.0e20;
x1 = fx(x,p,nt);
x2 = − dfx(x,p,nt);
x3 = inv(x2);
x0 = x3 ∗ x1';


while norm(x0)> = eps
w = 1;
xx = x0' + x;
while norm(fx(xx,p,nt))> = norm(fx(x,p,nt))
w = w/2;
xx = w ∗ x0' + x;
end
```

```
x = xx;
x1 = fx(x,p,nt);
x2 = - dfx(x,p,nt);
x3 = inv(x2);
x0 = x3 * x1';
end
s = x0' + x;
return
```

(5) 增益随光纤长度的变化

```
clear all
c = 3e8;
nt = 1e26;
L = 1;
h = 6.626e - 34;
lamda = 1.53e - 6;
dltav = ;
vs = c/lamda;
alpha_p = ;
alpha_s = ;
alpha_ase = ;
sigma13 = ;
sigma31 = ;
sigma12 = ;
sigma21 = ;

% 边界条件
Pp0 = 100e - 3;
Ps0 = 1e - 6;
Pase0 = 0;

[z,P] = ode45(@fun,[0,L],[Pp0; Ps0; Pase0],'AbsTol',nt);
G = 10 * log10(P(length(P),2)./Ps0);
plot(z,G);

function f = fun(z,p,nt);
n = NewtonIterate ([1 1 1] * 1e26,p,nt);
```

...

```
f = [(Gama_p * (n(3) * sigma31 - n(1) * sigma13) - alpha_p) * P(1);
     (Gama_s * (n(2) * sigma21 - n(1) * sigma12) - alpha_s) * P(2);
(Gama_ase * (n(2) * sigma21 - n(1) * sigma12) - alpha_ase) * P(3) + 2 * dltav * h *
vs * n(2) * sigma_21;
```

（6）增益随离子浓度的变化

```
nt = [0:1:30] * 1e26;
len = length(nt);
c = 3e8;
L = 1;
h = 6.626e - 34;
lamda = 1.53e - 6;
dltav = ;
vs = c/lamda;
alpha_p = ;
alpha_s = ;
alpha_ase = ;
sigma13 = ;
sigma31 = ;
sigma12 = ;
sigma21 = ;

% 边界条件
Pp0 = 100e - 3;
Ps0 = 1e - 6;
Pase0 = 0;

G = zeros(1,len);

for count = 1:len
[z,P] = ode45(@fun,[0,L],[Pp0;Ps0;Pase0],'AbsTol',nt(count));
G(1,count) = 10 * log10(P(length(P),2)./Ps0);
end

plot(nt,G);
```

```
function f = fun(z,p,nt);
n = NewtonIterate ([1 1 1] * 1e26,p,nt);
…
…

f = [(Gama_p * (n(3) * sigma31 - n(1) * sigma13) - alpha_p) * P(1);
(Gama_s * (n(2) * sigma21 - n(1) * sigma12) - alpha_s) * P(2);
(Gama_ase * (n(2) * sigma21 - n(1) * sigma12) - alpha_ase) * P(3) + 2 * dltav * h *
vs * n(2) * sigma_21;
```

3.3　第 10 章介质波导代码

一波长为 $\lambda = 1.53\,\mu\text{m}$ 通过折射率 $n1 = 1.55$、厚度 $d = 2.5\mu\text{m}$ 的平板波导芯层的传播常数随入射角的变化,其中包层为空气和衬体材料的折射率 $n_2 = 1.25$。

```
function  wdcbcs(d,n₁,n₂,lambda)
n3 = 1;
d = d * 1e⁻⁶;
lambda = lambda * 1e⁻⁶;
k = 2 * pi/lambda;

Vₐ = sqrt(n1^2 - n2^2) * k * d;
V_b = sqrt(n1^2 - n3^2) * k * d;

F = @(x)(x * (sqrt(Vₐ^2 - x^2) + sqrt(V_b^2 - x^2))./...
    (x^2 - sqrt(Vₐ^2 - x^2) * sqrt(V_b^2 - x^2) ));

ezplot(@tan,[0,5 * pi, - 10,10])
hold on
ezplot(F,[0,5 * pi])
title('Graphical solution of the eigenvalue')
xlabel('\kappa d')
```

对上述波导的导模进行求解:

```
function  wdms(d,n₁,n₂,lambda)
n3 = 1;
d = d * 1e⁻⁶;
lambda = lambda * 1e⁻⁶;
```

```
k = 2 * pi/lambda;


Va = sqrt(n1^2 - n2^2) * k * d;
Vb = sqrt(n1^2 - n3^2) * k * d;


F = @(x)(x * (sqrt(Va^2 - x.^2) + sqrt(Vb^2 - x.^2))./...
    (x.^2 - sqrt(Va^2 - x.^2).* sqrt(Vb^2 - x.^2) ));


Feigin = @(x)(F(x) - tan(x));


x(1) = fzero(Feigin,3);
x(2) = fzero(Feigin,6);
x(3) = fzero(Feigin,8.5);


kappa = x/d;
theta = asin(kappa/(n1 * k));
beta = (n1 * k) * cos(theta);
gamma = sqrt((n1^2 - n2^2) * k^2 - kappa.^2);
delta = sqrt((n1^2 - n3^2) * k^2 - kappa.^2);


format short g
[x' theta' beta' kappa' gamma' delta']
```

%对上述波导的前三个 TE 模电场强度的归一化分布：

```
Np = 500;
x2 = linspace( - 2 * d, - d,Np);
x1 = linspace( - d,0,Np);
x3 = linspace(0,1 * d,Np);


Ey1 = zeros(Np,3); Ey2 = Ey1; Ey3 = Ey1;


for m = 1:3
    Ey1(:,m) = cos(kappa(m) * x1) - ...
        delta(m)/kappa(m) * sin(kappa(m) * x1);
    Ey2(:,m) = (cos(kappa(m) * d) + ...
        delta(m)/kappa(m) * sin(kappa(m) * d)) * exp(gamma(m) * (x2 + d));
    Ey3(:,m) = exp( - delta(m) * x3);
```

```
end

Ey = [Ey2; Ey1; Ey3];
Ey = Ey/diag(max(abs(Ey)));
x  = [x2';x1';x3'];

plot(x,Ey(:,1),'-',x,Ey(:,2),...
    '--',x,Ey(:,3),':','LineWidth',2)
legend('TE_0','TE_1','TE_2')
xlabel('x')
axis([x(1) x(end) -1.1 1.1])
hold on
plot([-d,-d],[-1.1,1.1],'black--')
plot([ 0, 0],[-1.1,1.1],'black--')
plot([x(1), x(end)],[0,0],'black')
```

```
%归一化传播常数和归一化频率之间的关系：
N = 10;
b = linspace(0,1,201);
v = zeros(length(b),N);
for k = 1:N
v(:,k) = ((k-1)*pi+2*atan(sqrt(b./(1-b))))./sqrt(1-b);
plot(v(:,k),b)
text(v(180-k*10,k)-1,b(180-k*10),['N=' num2str(k-1)])
hold on
axis ([0 45 0 1])
end
xlabel('v')
ylabel('b')
```

3.4 第 11 章光纤代码

```
%求解单模光纤 LP01 模的特征方程，并作出 V-U 以及 V-W 的关系曲线并进行
拟合。
function fiberms(a,n₁,n₂,lambda)
Vmax = 10;
N = 100;
```

214

```
for j = 1:N
    V(j) = j/N * Vmax;
    Vtemp = V(j);

    Utemp = NaN;
    i = 0;

    while (isnan(Utemp)  && i<N+1)
        init = Vtemp*(i+1)/N-eps;
        try
          Utemp = fzero(@(Utemp) ...
            besselj(0,Utemp)/(Utemp*besselj(1,Utemp)) - ...
            besselk(0,sqrt(Vtemp^2-Utemp^2))/ ...
            (sqrt(Vtemp^2-Utemp^2)*besselk(1,sqrt(Vtemp^2-Utemp^2))),init);
        catch
        end
        i = i+1;
    end

    U(j) = Utemp;
end

W = sqrt(V.^2-U.^2);
Ymax = ceil(max([U,W]));

figure(1)
subplot(1,2,1)
plot(V,U,'r');
axis equal
axis([0 Vmax 0 Ymax])
xlabel('V')
ylabel('U')
title('LP_{01}  V-U')

subplot(1,2,2)
plot(V,W,'r');
```

```
axis equal
axis([0 Vmax 0 Ymax])
xlabel('V')
ylabel('W')
title('LP_{01}  V-W')


NN = 15:24;
x = V(NN);
y = W(NN);
p = polyfit(x,y,1);
f = polyval(p,x);
maxerr = max(y-f);


figure(2)
plot(x,y,'o',x,f,'-')
xlabel('V')
ylabel('W')
```

%单模光纤 LP01 模在 $V=0.8, 1.6, 2.4$ 电场分量 E 相对于直径 R_a 的归一化曲线：

```
V = [0.8000      1.6000      2.4000];
U = [0.7974      1.3670      1.6453];
W = [0.0640      0.8315      1.7473];


Ra1 = -1:0.01:1;
Ra2 = [-5:0.01:-1];
Ra3 = [1:0.01:5];


E1 = zeros(length(V),length(Ra1));
E2 = zeros(length(V),length(Ra2));
E3 = zeros(length(V),length(Ra3));


for i = 1:length(V)
    E1(i,:) = besselj(0,U(i)*Ra1);
    E2(i,:) = besselj(0,U(i)).*besselk(0,W(i).*abs(Ra2))./besselk(0,W(i));
    E3(i,:) = besselj(0,U(i)).*besselk(0,W(i).*abs(Ra3))./besselk(0,W(i));
end
R = [Ra2 Ra1 Ra3];
```

```
E = [E2 E1 E3];
figure(3);
plot(R,E)
xlabel('R_a = r/a')
ylabel('E')
hold on
plot([-1 -1],[0 1],'b--',[1 1],[0,1],'b--')
```

%单模光纤 LP01 模的特征方程,并画出归一化传播常数和频率的关系曲线:

```
Vmax = 10;
N = 100;
V = (1:N)/N * Vmax;
b = zeros(N,1);
```

%主循环,求解不同 V 对应的 b 值:

```
for j = 1:N
    Vtemp = V(j);
    btemp = NaN;
    i = 0;
    while (isnan(btemp)  && i<N+1)
        init = (N-i)/N;
        try
         btemp = fzero(@(b) ...
            Vtemp * sqrt(1-b) * besselj(1,Vtemp * sqrt(1-b))/ ...
            besselj(0,Vtemp * sqrt(1-b)) - Vtemp * sqrt(b) * ...
            besselk(1,Vtemp * sqrt(b))/besselk(0,Vtemp * sqrt(b)),init);
        catch
        end
        i = i+1;
    end
    b(j) = btemp;
end

figure(4);
plot(V,b,'r');
axis([0 Vmax 0 1])
xlabel('V')
```

```
ylabel('b')
title(' LP_{01}')
grid on


%单模光纤 LP01 模的功率填充因子
a = 4e-6;
NA = sgvt(n₁^2 - n₂^2);
lambda = lambda * 1e⁻⁶;


V = 2 * pi * a * NA./lambda;
W = 1.145 * V - 1.0001;
U = sqrt(V.^2 - W.^2);
MFD = (0.65 + 1.619./V.^(3/2) + 2.879./V.^6) * 2 * a;


r = linspace(-3 * a,3 * a,100);
    IrB = (besselj(0,U). * besselk(0,W. * abs(r/a))./besselk(0,W)).^2;
    IrB(find(abs(r)<a)) = besselj(0,U * r(find(abs(r)<a))/a).^2;
    IrG = exp(-2 * r.^2/(MFD(i)/2)^2);
figure(5);
    plot(r,IrG,r,IrB,'r--')
    axis([-3 * a 3 * a 0 1])
    title(['\lambda = ' num2str(lambda) ',V =' num2str(V)])
    xlabel('r')
    ylabel('I(r)')


    line([-MFD/2 MFD/2],[exp(-2) exp(-2)])
    text(-a,exp(-2) + .02,[' MFD =' num2str(MFD)])
end


%单模光纤 LP01 模的模场直径,a=4.0 μm, NA=0.15, 波长 1.30 μm,1.53 μm
Vmax = 10;
N = 100;


for j = 1:N
    V(j) = j/N * Vmax;
    Vtemp = V(j);
```

```
    Utemp = NaN;
    i = 0;

    while (isnan(Utemp)  && i<N+1)
        init = 3.5*(N-i)/N;
        try
            Utemp = fzero(@(Utemp) ...
                besselj(1,Utemp)/(Utemp*besselj(0,Utemp)) + ...
                besselk(1,sqrt(Vtemp^2-Utemp^2))/(sqrt(Vtemp^2-Utemp^2)* ...
                besselk(0,sqrt(Vtemp^2-Utemp^2))),init);
        catch
        end
        i = i+1;
    end

    U(j) = Utemp;
end

W = sqrt(V.^2-U.^2);
Ymax = ceil(max([U,W]));

figure(6);
subplot(1,2,1)
plot(V,U);
axis equal
axis([0 Vmax 0 Ymax])
xlabel('V')
ylabel('U')
title('LP_{11} V-U')

subplot(1,2,2)
plot(V,W);
axis equal
axis([0 Vmax 0 Ymax])
xlabel('V')
ylabel('W')
title('LP_{11} V-W')
```

3.6 第15章光子晶体器件代码

```
function  tri_band(n,r_a,n_s,n_a)
 % Bandgap of triangular structure
ns = 3.5;
na = 1.0;
a = 1.0;
r = ra * a;
f = 2 * pi/sqrt(3) * R^2/a^2;
a1 = a;
a2 = a * (1/2 + sqrt(3)/2 * sqrt( -1));
b1 = 2 * pi/a * (1 - sqrt(3)/3 * sqrt( -1));
b2 = 2 * pi/a * 2 * sqrt(3)/3 * sqrt( -1);
n = 6;
N = (2 * n + 1)^2;

i = 1;
for x = - n:n,
    for y = - n:n,
        G(i) = x * b1 + y * b2;
        R(i) = x * a1 + y * a2;
      i = i + 1;
    end
end

for x = 1:N,
    for y = x + 1:N,
    eps2(x,y) = (na^2 - ns^2) * 2 * f * besselj(1,abs(G(x) - G(y)) * r)./(abs(G
(x) - G(y)) * r);
      eps2(y,x) = eps2(x,y);
    end
      eps2(x,x) = f * na^2 + (1 - f) * ns^2;
end

k1 = (0:0.1:1.0)/sqrt(3). * sqrt( -1) * 2 * pi/a;
k2 = ((0.1:0.1:1.0)./3 + 1/sqrt(3) * sqrt( -1)). * 2. * pi./a;
k3 = (0.9: - 0.1:0). * (1.0/3.0 + 1/sqrt(3) * sqrt( -1)). * 2. * pi./a; % - (1/3 + 1/
```

```
sqrt(3) * i) * 2 * pi/a;
    k0 = [k1 k2 k3];

    m = 1;
    eps2 = inv(eps2);
    for j = 1:length(k0),
        k = k0(j);
        M = (real(k + G.') * real(k + G) + imag(k + G.') * imag(k + G)). * (eps2);
        E = sort(abs(eig(M)));
        freq(:,m) = sqrt(abs(E(1:10))). * a./2./pi;
        m = m + 1;
    end
    tx = 1:length(k0);
    % plot(n,freq,'o'),hold on
    plot(tx,freq,'linewidth',2)
    title('TE Band structure of an air-hole triangular structure')
    xlabel('wave vector')
    ylabel('wa/2\pic')
    grid on
    axis([0,length(k0) + 1,0,1.4])
    % Mode of line-defect waveguide
    function   ldwds(n,ra,ns,na)
    ns = 3.5;
    na = 1.0;
    n = 8;
    fl = 0;
    fu = 0.5;
    N = (2 * n + 1)^2;
    Sx = 13.0;
    Sy = 1.0;
    a = 1;
    rc = ra * a;
    a1 = a * [1,0];
    a2 = a * [0,1];
    au = norm(cross([a1,0],[a2,0]));
    ac = pi * rc^2;
    Pf = ac/au;
```

```
b1 = inv([a1(1),a1(2);a2(1),a2(2)]) * [2 * pi,0]'./Sx;
b2 = inv([a1(1),a1(2);a2(1),a2(2)]) * [0,2 * pi]'./Sy;
g = repmat( - n:n,1,length( - n:n));
G = g * (b1(1) + b1(2) * i) + sort(g) * (b2(1) + b2(2) * i);
g1 = repmat(g,length(g),1);
g2 = sort(g1');
G1 = g1' * (b1(1) + b1(2) * i) + g2 * (b2(1) + b2(2) * i);
G2 = g1 * (b1(1) + b1(2) * i) + g2' * (b2(1) + b2(2) * i);
GG = G1 - G2;
f0 = 2 * Pf * (ns^2 - na^2) * besselj(1,abs(GG). * rc)./(abs(GG). * rc);
f0(1:N + 1:N^2) = eb + Pf * (ns^2 - na^2);
spc = [ - 6  0; - 5  0; - 4  0; - 3  0; - 2  0; - 1  0;   1  0;2  0;3  0;4  0;
5  0;6  0] * [a1(1) + a1(2) * i, a2(1) + a2(2) * i].';
rd = 0.20 * a;
Pd = pi * rd^2/Au;
if rd>0
    fd = 2 * Pd * (ns^2 - na^2) * besselj(1,abs(GG). * Rdefect)./(abs(GG). * rd);
    fd(2 * n + 1,2 * n + 1) = na^2 + Pd * (ns^2 - na^2);
    fd = fd/(Sx * Sy);
end
f = zeros(size(f0));
for p = 1:length(spc)
   f = f + exp(i * (real(GG). * real(spc(p)) + imag(GG). * imag(spc(p)))). * f0;
end
Pf = (pi * Rc^2 * length(spc) + pi * rd^2)/(Sx * Sy * au);
if rd>0
    f = f./(Sx * Sy) + fd;
else
    f = f./(Sx * Sy);
end
f(1:N + 1:N^2) = na^2 + Pf * (ns^2 - na^2);
f = inv(f);


toc;
tic;
k = 2 * pi/a * (0.0/Sx + (0.0:0.05:1). * 0.5 * i/Sy);
p = 1;
```

222

```
for q = 1:length(k)
    tm_m = abs(k(q) + G.') * abs(k(q) + G). * f;
 % TM
    f_tm = sort(abs(eig(tm_m)));
    freq_tm(:,p) = sqrt(abs(f_tm)). * a./2./pi;
    p = p + 1;
end
toc;

fretm = freq_tm(1:30,:);
save datatmldf.mat ns na fl fu n rc k freq_tm fretm
figure(1)
plot(imag(k)/2/pi * a,EigFreqTM,'r-','linewidth',2.0)
axis([0 0.5 fc fu])
xlabel('Wavevector  k_xa/2\pi','FontSize',12)
ylabel('Normalized Frequency  ( \omegaa/2\pic)','FontSize',12)
```

附录4　拓展阅读文献

4.1　第十三章拓展阅读文献

[1] Emmanuel Desurvire. Erbium-Doped Fiber Amplifiers: Principles and Applications [M]. Wiley, 2002.

[2] Michel J. F. Digonnet. Rare-Earth-Doped Fiber Lasers and Amplifiers, Revised and Expanded [M]. CRC Press, 2001.

[3] Chun Jiang, Pei Song, Nonlinear-emission photonic glass fiber and waveguide devices [M]. Cambridge University Press, 2019.

4.2　第十四章拓展阅读文献

[1] Robert W. Boyd, Nonlinear Optics, Elsevier India; 3 (2013).

[2] Govind. Agrawall. Application of nonlinear fiber optics [M]. 2nd ed. Elsevier Academic Press, 2008.

[3] 陈险峰 著;张杰 编.光物理研究前沿系列:非线性光学研究前沿[M].上海:上海交通大学出版社,2014.

[4] Mingyi Gao, Chun Jiang, Weisheng Hu, Jingyuan Wang, Optimized design of two-pump fiber optical parametric amplifier with two-section nonlinear fibers

using genetic algorithm，Optics Express Vol. 12，Issue 23，pp. 5603 – 5613 (2004).

4.3　第十五章拓展阅读文献

［1］John D. Joannopoulos，Steven G. Johnson，Joshua N. Winn，and Robert D. Meade，Photonic crystals：molding the flow of light［M］. 2nd ed. Princeton University Press，2008.

［2］Steven G. Johnson，Ardavan Oskooi，Allen Taflove，Advances in FDTD Computational Electrodynamics Photonics and Nanotechnology［M］. Artech House Publishers，2013.

［3］王长清,祝西里编著,电磁场计算中的时域有限差分法[M]. 北京:北京大学出版社,2014.

［4］Jing Ma，Chun Jiang，Flat-band Slow Light in Asymmetric Line-Defect Photonic Crystal Waveguide Featuring Low Group Velocity and Dispersion，IEEE Journal of Quantum Electronics，pp.763 – 769，2008.

4.4　第十六章拓展阅读文献

［1］陈良尧 著,张杰 编.光物理研究前沿系列：凝聚态光学研究前沿[M].上海:上海交通大学出版社,2014.

［2］童利民 著,张杰 编.光物理研究前沿系列：纳米光子学研究前沿[M]. 上海：上海交通大学出版社,2014.

4.5　第十七章拓展阅读文献

［1］J. B. Pendry，D. Schurig，D. R. Smith，Controlling Electromagnetic Fields，*Science*，**312**(1780)，2006.

［2］D. Schurig，J. B. Pendry，D. R.Smith，Calculation of material properties and ray tracing in transformation media，*Opt. Express*，**14**(9794)，2006.

［3］Xiaofei Zang，Chun Jiang，Manipulating the field distribution via optical transformation，*Opt. Express* **18**(10168)，2010.

参 考 文 献

［1］Amnon Yariv，Pochi Yeh. Photonics：Optical Electronics in Modern Communications ［M］.（6th ed.）Oxford University Press，New York，2007.

［2］庄连顺.光子器件物理［M］. 北京：电子工业出版社，2012.

［3］Hermann A. Haus. Waves and fields in Optoelectronics［M］. Prentice-Hall Inc. New Jersey，1984.

［4］John D Joannopoulos，Steven G Johnson，Joshua N Winn & Robert D Meade. Photonic crystals：molding the flow of light［M］.（2nd ed.）Princeton University Press，2008.

［5］Govind Agrawall. Nonlinear fiber optics［M］.（Fifth ed.）Elsevier Academic Press，2013.

［6］Safa O Kasap. Optoelectronics and photonics：Principles and practices［M］. Pearson Education Limited，2001.

［7］Malin Premaratne，Govind P Agrawal. Light Propagation in Gain Media：Optical Amplifiers［M］. Cambridge University Press，2011.

［8］S. M. Sze，Kwok K. Ng，Physics of Semiconductor［M］.（third edition）Wiley，2007.

［9］夏明耀，王均宏.电磁场理论与计算方法要论［M］.北京：北京大学出版社，2013.

［10］干福熹.光子玻璃及其应用［M］.上海：上海科学技术出版社，2012.

［11］Chun Jiang，Pei Song. Nonlinear-emission photonic glass fiber and waveguide devices ［M］. Cambridge University Press，2019.

［12］Mingyi Gao，Chun Jiang，Weisheng Hu & Jingyuan Wang. Optimized design of two-pump fiber optical parametric amplifier with two-section nonlinear fibers using genetic algorithm［J］. Optics Express Vol. 12，Issue 23，2004，5603 - 5613.

［13］王长清，祝西里.电磁场计算中的时域有限差分法［M］.北京：北京大学出版社，2014.

［14］Jing Ma，Chun Jiang. Flat-band Slow Light in Asymmetric Line-Defect Photonic Crystal Waveguide Featuring Low Group Velocity and Dispersion［J］. IEEE Journal of Quantum Electronics，2008，763 - 769.

［15］J B Pendry，D Schurig & D R Smith. Controlling Electromagnetic Fields［J］. Science，2006，**312**(1780).

［16］U Leonhardt. Optical Conformal Mapping［J］. Science，2006，**312**（1777）.

［17］D. Schuring，J. J. Mock，B. J. Justice，S. A. Cummer，J. B. Pendry，A. F. Starr & D. R. Smith. Metamaterial Electromagnetic Cloak at Microwave Frequencies［J］. Science，2006，**314**(977).

［18］R Liu，C Ji，J J Mock，J Y Chin，T J Cui & D R Smith. Broadband Ground-Plane Cloak［J］. Science，2009，**323**（366）.

［19］H Y Chen，C T Chan. Acoustic Cloaking in Three Dimensions Using Acoustic Metamaterials［J］. Appl. Phys. Lett. 2007，**91**(183518).

［20］D. Schurig，J. B. Pendry，D. R. Smith. Calculation of material properties and ray tracing in transformation media［J］. Opt. Express，2006，**14**(9794).

［21］H. Y. Chen，X. H. Zhang，X. D. Luo，H. R. Ma，C. T. Chan. Reshaping the perfect electrical conductor cylinder arbitrarily［J］. New J. Phys，2008，**10**（113016）.

［22］X. F. Zang，C. Jiang. Manipulating the field distribution via optical transformation ［J］. Opt. Express，2010，**18**(10168).

［23］Marek S Wartak. 计算光子学－Matlab 导论［M］.吴宗森 吴小山，译.科学出版社，2015.

［24］欧攀.高等光学仿真(MATLAB 版)-光波导,激光［M］.(第 2 版)北京:北京航空航天大学出版社,2014.

索　引